典型精细化学品生产与管理

谢建武　主　编
李晓敏　副主编

科学出版社

北京

内 容 简 介

本书分 5 个项目，主要介绍了 6S 管理认识与实践、研压法皂类产品生产技术、加入物法工艺皂类生产技术助剂生产技术、乳胶漆生产技术，全书采用任务引领方式构建编写结构，使学生边学边做，按照典型功能性产品的制备程序、要求与方法，整体构建完整的化学品生产和管理的知识体系。

本书可作为高等职业教育化工技术类（精细化工、应用化工、轻工、日用化工等）及相关专业教材，本科院校也可作为实训教材选用，并可作为各企事业单位相关人员的培训教材。

图书在版编目（CIP）数据

典型精细化学品生产与管理/谢建武主编. —北京：科学出版社，2014

ISBN 978-7-03-042111-1

Ⅰ.①典⋯ Ⅱ.①谢⋯ Ⅲ.①精细化工-化工产品-生产技术-高等职业教育-教材②精细化工-化工产品-生产管理-高等职业教育-教材 Ⅳ.①TQ062

中国版本图书馆 CIP 数据核字（2014）第 231112 号

责任编辑：沈力匀 / 责任校对：刘玉靖
责任印制：吕春珉 / 封面设计：耕者设计工作室

科 学 出 版 社 出版
北京东黄城根北街 16 号
邮政编码：100717
http://www.sciencep.com

北京中科印刷有限公司 印刷
科学出版社发行 各地新华书店经销

*

2014 年 10 月第 一 版 开本：787×1092 1/16
2023 年 2 月第三次印刷 印张：7 3/4
字数：180 000

定价：**29.00 元**
（如有印装质量问题，我社负责调换〈中科〉）

销售部电话 010-62134988 编辑部电话 010-62135235

前　言

典型精细化学品生产与管理是精细化工专业的一门专业核心课程。担负着向精细化工行业输送具有精细化学品生产知识和车间管理技能的应用性人才的任务。

全书运用项目化教学的思想，以化工生产和管理所需内容设计教学活动，选取了5个项目为载体构建编写结构。作者通过了解本行业发展规划并对相关企业进行调研后，结合企业的岗位需求确定了本课程的教学方向，并同企业、行业专家一起分析精细化学品生产技术所对应的工作任务，确定了以培养学生生产计划实施、设备运行与管理、班组管理、生产过程控制等的实际操作能力为核心内容的教学目标。

本书适合高等职业教育化工技术类（精细化工、日用化工、轻工、应用化工等）及相关专业作为教材选用，也适合作为本科院校实训类教材选用，还可作为各企事业单位相关人员的培训教材。

本书由杭州职业技术学院谢建武任主编，李晓敏任副主编，徐州工业职业技术学院冷士良主审。具体编写分工如下：杭州职业技术学院刘松辉编写项目一，杭州职业技术学院李晓敏编写项目二，河南化工职业学院孙淑香编写项目三，杭州职业技术学院谢建武编写项目四，杭州职业技术学院张永昭编写项目五。在编写本书的过程中得到中化蓝天环保股份有限公司、东南化工有限公司、传化股份化学有限公司等企业的帮助和指导，并参考了一些相关资料，在此一并对这些单位的领导和作者表示衷心的感谢。

由于编者水平有限和时间仓促，书中难免有不妥和错误之处，恳请读者批评指正。

目　录

项目 1　6S管理认识与实践

任务 1.1　了解 6S 管理的基本内容及其作用 ………………………… 1

任务 1.2　6S 管理实践 ………………………………………………… 4

项目 2　研压法皂类产品生产技术

任务 2.1　常用原料的认知 …………………………………………… 26

任务 2.2　选择原料制备肥皂小样 …………………………………… 36

任务 2.3　认识皂类生产设备 ………………………………………… 43

任务 2.4　生产工艺流程图的编制 …………………………………… 47

任务 2.5　认识香皂生产设备并用打样机生产产品 ………………… 61

任务 2.6　皂类产品质量检验 ………………………………………… 71

项目 3　加入物法工艺皂类生产技术

任务 3.1　固体酒精的制备 …………………………………………… 83

任务 3.2　常用原料的认知 …………………………………………… 86

任务 3.3　透明皂的制备 ……………………………………………… 91

项目 4　助剂生产技术

任务 4.1　助剂基础知识 ……………………………………………… 95

任务 4.2　助剂生产设备操作流程及管理 …………………………… 100

项目 5　乳胶漆生产技术

任务 5.1　认识乳胶漆及其原料 ……………………………………… 105

任务 5.2　乳胶漆小样制备 …………………………………………… 108

任务 5.3　乳胶漆车间生产 …………………………………………… 111

主要参考文献 ………………………………………………………… 116

项目1　6S管理认识与实践

务 *1.1* 了解6S管理的基本内容及其作用

【学习目标】

（1）了解6S管理的起源、发展历程及其内容。

（2）了解6S管理的目标及作用。

【任务分析】

（1）通过课前预习教材，参考相关资料，了解6S管理的起源、发展及其具体内容。

（2）通过在企业进行参观实习，了解6S管理对企业管理及员工素质的提升作用。

 相关知识

1. 6S管理的起源与发展

所谓6S，是指对生产现场各生产要素（主要是物的要素）所处状态不断进行整理、整顿、清洁、清扫、提高素养及安全的活动。由于整理（seiri）、整顿（seiton）、清扫（seiso）、清洁（seiketsu）、素养（shitsuke）和安全（safety）这6个词在日语中罗马拼音或英语中的第一个字母是"S"，所以简称6S。

6S源自20世纪50年代日本丰田汽车公司推行的5S，即整理、整顿、清扫、清洁、素养这5个S。1955年，日本的5S宣传口号为"安全始于整理，终于整顿"。当时只推行了前2个S，其目的仅是为了确保作业空间和安全。后因生产和品质控制的需要而又逐步提出了3S，即清扫、清洁、素养，从而使5S的应用空间及适用范围进一步拓展。日本企业在丰田公司的倡导推行下，将5S运动作为各项管理工作的基础，推行各种品质管理手法，产品品质得以迅速的提升，奠定了经济大国的地位；到了1986年，日本的5S著作逐渐问世，从而对当时的整个现场管理模式起到了冲击作用，并由此掀起了5S管理的热潮。

5S在塑造企业形象、降低成本、准时交货、安全生产、高度的标准化、创造令人心旷神怡的工作场所、现场改善等方面发挥了巨大的作用，取得了令人瞩目的效果，

5S逐渐被各国的管理界认识。随着世界经济的发展，5S已经成为工厂管理的一股潮流。根据进一步发展的需要，全世界许多公司在原来5S的基础上又增加了"安全"这个要素，从而发展成为如今被广泛采用的6S现场管理体系。

2. 6S管理的目标与作用

6S的目标是通过整理、整顿、清扫、安全、清洁、素养这6个S的综合推进，让生产现场的各个要素（人、机、料、法、环）都得到有效管理，并持续改善，使企业在效率、质量、成本、交期、安全、士气六个方面都得到提升，使生产现场维持在一个理想的水平。

6S的作用可体现在以下几方面：

1）6S可减少各种浪费

企业实施6S管理的目的之一是减少生产过程中的浪费，可以有效帮助企业节约空间与消耗成本，成为企业的最佳助手。

（1）节约现场空间。将不要物清理出生产现场，把必要物整齐放置，可以腾出现场工作空间，减少库房占用。由于不要物不仅放在地上，还放在货架上、柜子内，这样，还可以腾出货架、柜子、箱子等，节约这部分的成本。

（2）降低物料成本和备件、备品成本。不要物的清理和物品最低库存量管理能够改善物品在库存的周转率，降低物料库存成本。可以避免企业购置多余的文具、桌、椅等办公设备。

另外，在6S的清扫过程中，可以发现跑、冒、滴、漏等现象，通过控制这些污染源头，既改善了现场状态，又能节约水、油、气、汽等的消耗费用。

2）6S是高效率的前提

在生活中，大家一定有过这样的体验，当急着要使用一样东西时，却一时想不起放在哪里了，只能东翻西找，但还是找不到，等过几天不需要它了，它又冒了出来，而不需要的东西却到处都是，经常做"无用功"，影响工作时的心情和效率。这些情况发生的原因就是我们的6S工作没做好。

6S管理可以帮助我们解决这类烦恼：物品的固定、有序摆放和清晰标志，能够让我们做到必要时立即找到、取出有用的物品，减少了物品的查找与辨认时间，使工作效率得到显著提升。

3）6S是安全的基本保障

2004年3月5日重庆长风化工厂发生一起苯酚泄漏事故，现场作业工人中毒，造成1人死亡，1人受伤。起因是车间里要更换、维修一个阀门，阀门与管道相连、相通，管道的另一端还有一个阀门。如果另一个阀门打开，溶液就会顺着管道流到这边。所以，维修前车间主任让人转告相关操作人员，不要打开另一个阀门。但是指令在转告的过程中出现了问题，管道另一端的工作人员没有听到这一指示，上班后就按照正常程序打开了阀门，苯酚就沿着管道冲到了阀门更换维修的接口处，冒了出来，直接冲到了一工作人员的脸上。苯酚溶液进入了他的消化系统和呼吸系统，造成该员工当场昏迷，后来不治身亡。另一个被苯酚溶液冲倒了的工作人员身体半边受伤。

导致这场悲剧的发生有三方面的原因：第一，指令转告出现问题，车间主任发出了指令，但是管道另一端的工人没收到。第二，员工自己没有遵守安全操作规范佩戴防护面具。第三，没有采用可视化的方法挂上"维修中"、"禁止打开"等标志牌，导致其他员工在不知情的情况下，引发安全事故。

6S 管理可以从以下几个方面保障企业员工的工作安全：

（1）6S 活动的长久坚持，可以培养工作人员认真负责的工作态度。员工能够遵守作业标准，正确使用保护器具，不会违规作业，这样会减少安全事故的发生。

（2）工作场所宽敞、明亮，"危险！"、"注意！"等警示明确，使安全隐患一目了然。

（3）消防设施齐备，灭火器放置位置、逃生路线明确，地面上不随意摆放不应该摆放的物品，消防通道无阻塞，即使发生火灾等事故，也可较好保障员工的生命安全。

（4）物品放置、搬运方法和积载高度皆考虑安全性因素，力图减少安全隐患。

4）6S 是保障产品品质的基础

再好的机器设备也要靠人去操作与维护，杜绝马虎的工作态度，做任何事情都有认真的态度是保障产品品质的基础。

实施 6S 管理就是为了消除工厂中的不良现象，防止工作人员马虎行事，养成认真对待每一件小事的习惯，这是产品品质得到可靠保障的基础。例如，在一些生产数码照相机、柔性电路板、手机等企业中，对工作环境的要求是非常苛刻的，空气中若混入灰尘就会造成产品品质下降，因此在这些企业中彻底实施 6S 管理尤为必要。

5）6S 可增加员工的归属感，提升员工的士气

6S 管理的实施可以形成让员工心情舒畅的工作环境，改善员工的情绪，提升员工的归属感，使其成为有较高素养的人员。在干净、整洁的环境中工作，员工的尊严和成就感可以得到一定程度的满足。由于 6S 管理要求进行不断的改善，因而可以增强员工进行改善的意愿，使员工更愿意为工作现场付出爱心和耐心，进而培养"工厂就是家"的感情。

（1）明亮、整洁的环境让人心情愉快。

（2）员工自己动手来改善，会产生成就感。

（3）员工凝聚力增强，工作更愉快。

（4）清洁明朗的环境，易于留住优秀员工。

（5）不断改善，创建务实的企业文化。

6）6S 是企业的最佳推销员

实施 6S 活动，有助于企业形象的提升。整齐清洁的工作环境，不仅能使企业员工的士气得到激励，还能增强顾客的满意度，从而吸引更多的顾客与企业进行合作。因此，良好的现场管理是吸引顾客、增强客户信心的最佳广告。此外，良好的企业形象一经传播，就使 6S 企业成为其他企业学习的对象。

 思考题

（1）简述 6S 管理的发展历史，查阅相关课外资料，讲讲 6S 管理与精益管理之间的关系。

（2）简述 6S 管理的目标与作用。

（3）6S 管理从哪些方面可以达到节约成本、消除浪费的目的？

（4）6S 管理可以从哪些方面保障员工的安全？

 6S管理实践

【学习目标】

（1）掌握 6S 管理中整理、整顿、清扫、清洁等活动的实施方法与要点。

（2）认识可视化管理的作用与重要性，掌握可视化管理的设计要点。

（3）深刻理解 6S 管理的内涵。

【任务分析】

（1）通过课前预习教材，参考相关资料，了解 6S 管理活动的实施步骤与要点。

（2）通过在企业进行参观实习，聆听企业 6S 管理推行部门的讲解，体会 6S 管理的推行要点、实施方法，了解目视管理的重要作用及看板的设计要点。

（3）学生以寝室为单位，制定寝室 6S 管理制度并执行，在此基础上进一步针对化工类实训室提出 6S 管理整改方案。

相关知识

1. 整理

整理是整个 6S 活动的第一步，要进行的主要工作就是把不要物清理出现场，只留下必要物，后面的 5 个 S 只对剩下的必要物进行管理。

整理是改善生产现场的第一步。首先应对生产现场摆放和停置的各种物品进行分类，然后对于现场不需要的物品，如用剩的材料、多余的半成品、切下的料头、切屑、垃圾、废品、用完的工具、报废的设备、个人生活用品等，清理出现场。

1）整理流程

如图 1.1 所示，整理的流程大致可分为分类、归类、制定基准、判断要与不要、处理以及改善 6 个步骤。对于 6S 管理来说，整理流程中最为重要的步骤就是制定"要不要"、"留不留"的判断基准。如果判断基准没有可操作性，那么整理就无从下手。

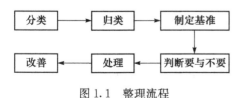

图 1.1　整理流程

2）整理的要点

整理的实施要点就是对生产现场中摆放和停置的物品进行分类，然后按照判断基准区分出物品的使用等级。可见，整理的关键在于制定合理的判断基准。在整理中有三个非常重要的基准：第一，"要与不要"的判断基准；第二，场所的基准；第三，废弃处理的原则。

（1）"要与不要"的判断基准。"要与不要"的判断基准应非常的明确。例如，办公桌的玻璃板下面不允许放置私人照片。表 1.1 中列出了实施 6S 管理后办公桌上允许及不允许摆放的物品，通过目视管理，进行有效的标识，就能找出差距，这样才能有利于改正。

表 1.1　办公桌上允许及不允许放置的物品

要（允许放置）	不要（不允许放置）
电话号码本 1 个	照片（如玻璃板下）
台历 1 个	图片（如玻璃板下）
三层文件架 1 个	文件夹（工作时间除外）
电话机	工作服
笔筒 1 个	工作帽

（2）场所的基准。所谓场所的基准，指的是到底在什么地方进行要与不要的判断。可以根据物品的使用次数、使用频率来判定物品应该放在什么地方才合适，见表 1.2。明确场所的基准，不应当按照个人的经验来判断，否则无法体现出 6S 管理的科学性。

表 1.2　明确场所的基准

使用次数	放置场所
一年不用一次的物品	废弃或特别处理
平均 2 个月到 1 年使用 1 次的物品	集中场所（如工具室、仓库）
平均 1～2 个月使用 1 次的物品	置于工作场所
1 周使用 1 次的物品	置于使用地点附近
1 周内多次使用的物品	置于工作区随手可得的地方

（3）废弃处理的原则。工作失误、市场变化等因素，是企业或个人无法控制的，因此不要物是永远存在的。对于不要物的处理方法，通常要按照两个原则来执行：第一，区分申请部门与判定部门；第二，由一个统一的部门来处理不要物。

例如，质检科负责不用物料的档案管理和判定；设备科负责不用设备、工具、仪表、计量器具的档案管理和判定；工厂办公室负责不用物品的审核、判定、申报；采运部、销售部负责不要物的处置；财务部负责不要物处置资金的管理。

在 6S 管理活动的整理过程中，需要强调的重要意识之一是，我们看重的是物品的使用价值，而不是原来的购买价值。物品的原购买价格再高，如果企业在相当长的时间没有使用该物品的需要，那么这件物品的使用价值就不高，应该处理的就要及时处理掉。

很多企业认为有些物品几年以后可能还会用到，舍不得处理掉，结果导致无用品过多的堆积，既不利于现场的规范、整洁和高效率，又需要付出不菲的存储费用，最为重要的是妨碍了管理人员科学管理意识的树立。因此，现场管理者一定要认识到，规范的现场管理带来的效益远远大于物品的残值处理可能造成的损失。

3）整理的方法

整理阶段常用的方法有"红牌作战法"和"定点摄影法"。

（1）红牌作战法。

所谓红牌是指用红色的纸做成的小卡片，相当于6S的小型问题整改通知单，如图1.2所示。

图1.2　红牌

整理阶段的红牌作战就是在现场寻找不要物并挂上红牌的过程。在企业实际应用中，红牌可以分为两种：一种是只寻找不要物的红牌；另一种是发现企业的各种问题（不要物、摆放不整齐、严重脏污、跑冒滴漏、安全隐患等）的红牌，见表1.3。

如果检查只限于整理、整顿，建议使用第一种红牌；如果检查是为了发现多种问题，建议使用第二种红牌。

红牌很醒目，只有将不要物处理掉了，才能将红牌摘下。这增加了现场人员的改善压力，同时也增加了检查者的压力。

表1.3　问题揭示单

责任部门		要求完成时间	
问题描述：			
对策：			
完成时间	审核人		编制人
验收结果：			
验收日	审核人		编制人

对于检查者而言，平时进行检查可能会不认真，但对于红牌作战，却不能不认真，挂红牌是一件严肃的事情，不能乱挂，这就促使相关人员会非常认真地检查、判断物品是否属于不要物。

对于被检查的生产现场人员，红牌挂在那里很扎眼，会时时提醒和督促现场的工作人员去解决问题。这样就可以防止由于时间的拖延而导致问题被遗漏。

红牌作战一般可按以下六个步骤来执行。

第一步：制定红牌作战实施方案。红牌作战实施方案通常由6S推进部门制定，主要包括检查标准、检查人员、检查时间以及实施过程中的注意事项等。红牌作战时，检查人员主要由6S推进委员会成员组成。一般3人一组，分别负责挂牌、拍照和记录。

第二步：制作红牌。准备好粘贴用的材料、笔等。

第三步：现场检查，张贴红牌。对于工作现场中确定挂红牌的物品和对象，确认后张贴在物品的显著位置上。如果出现异议则进行协商、表决，采用3人中少数服从多数的原则决定对某事物是否挂红牌。

第四步：进行整改。对于挂上红牌的物品，应给予明确的处理方法：某一件物品，对于整个产品来讲它也许失去了使用价值，但也许可以拆分使用，所以在处理时要给予明确说明，如重新检验入库、改作它用或降级使用、变卖等。

进行整改时，首先要将物品放在车间待处理区（也称为红牌区），然后进行处理。要注意连物品带红牌一起放在红牌区，红牌不要摘下。

第五步：复查、评估。生产现场整改完成后，检查小组要重回现场复查、确认，评估整改的效果。对已解决的问题，由检查人员经过确认后从现场摘下红牌，并将红牌收回，发出多少收回多少，一个都不能少。

第六步：总结。每次对发出的红牌都要按部门或区域进行记录和统计，整改结束后要及时记录和统计整改情况，并召开有关会议，对红牌作战中所检查出的问题进行总结。这样就完成了红牌作战的闭环管理。

红牌作战的总结会应在整改完成后 1～2 日内举行，时间不能拖延太长，以免影响会议效果。对于检查结果和整改结果还要在管理看板等处予以公布。

（2）定点摄影法。

定点摄影法在 6S 推行的各阶段均被广泛采用，其主要做法是将现场改善前后的情况进行摄影留存，以做现场改善前后的对照和不同部门的横向比较。这样做可以让大家看见整个改善带来的变化，增强改进的信心，同时会给被要求改善的部门或人员形成无形的压力，促使其做出整改措施。因此不能将定点摄影法理解为简单的拍照，促进全体员工不断的改进才是定点摄影的精髓所在。如图 1.3 所示为定点摄影法前后的对比。

（a）整理前　　　　　　　　　　　（b）整理后

图 1.3　定点摄影法前后的对比

在定点摄影法的运用过程中，需要注意其使用技巧。在将拍摄的结果进行公布时只需选取一些普遍性、有代表性的照片实景，为便于后期追踪和对被曝光部门形成压力，促其改进，照片还需附有以下详细信息：拍摄地点、所属主管、直接责任人、违反 6S 管理的具体内容以及限期整改的时间等。这样，就能将问题揭露得清清楚楚，并且对存在问题的部门产生相当大的整改压力。改善前的现场照片会促使各个部门为本部门形象和利益采取措施，而改善后的现场照片能使各部门的员工获得成就感与满足感，从而形成进一步改善的动力。

6S 整理：损失还是收益

甘肃省某水泥生产企业的董事长、总经理、工会主席以及车间主任一行 5 人专程到北京学习 6S 现场管理的课程。回到企业后，他们推行了 8 个月的 6S 管理，效果显著，一举成为甘肃省建材行业现场管理的标杆企业。当时，建材行业协会在这家企业举行了一次现场管理创新大会，这家企业给与会代表发放了一份企业推行 6S 管理的成果报告。其中，很明确的一条就是，8 个月来共处理了 55 万元积压物品。一般人的看法是，55 万元物品报废了，应该是一笔巨大的损失。但这家企业却不这么认为，他们感到从中得到了很大好处，没处理这些物品前要找到及取出某件物品需要花费一两个小时，处理这批积压物品之后，整个车间、仓库都用区划线划分，通过标志、定点摆放等手段，找到及取出一件物品只需要 10min 左右。因此，这家企业注重的是物品的使用价值而不是原购买价值。

自检1-1

海南某企业建设了好几个厂房，但没过多久，公司领导发现，空间仍然不够用。于是，公司开始在厂房之间搭建天棚作为临时仓库，希望等有空余地方的时候再拆掉这些临时仓库。但是，公司领导却发现，堆放的物品依然越来越多！

看完上面这个案例后，你有何感想？你认为这家企业的问题出在什么地方？如果你作为这家企业的领导，学习完 6S 管理的知识后，打算如何做？请简要阐述你的观点。

2. 整顿

整顿是把需要的事、物加以定量和定位。通过上一步整理后，对生产现场需要留下的物品进行科学合理的布置和摆放，以便最快速地取得所要之物，在最简捷、有效的规章、制度、流程下完成工作。

生产现场物品的合理摆放使得工作场所一目了然，整齐的工作环境有利于提高工作效率，提高产品质量，保障生产安全。

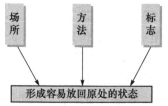

图 1.4　整顿良好的表现

1）整顿的三要素

所谓整顿的三要素，指的是场所、方法和标志。判断整顿三要素是否合理的依据在于是否能够形成物品容易放回原地的状态，如图 1.4 所示。当寻找某一件物品时，能够通过定位、标志迅速找到，并且很方便将物品归位。

（1）场所。

物品的放置场所原则上要百分之百设定，物品的保管要做到"定点、定容、定量"。场所的区分，通常是通过不同颜色的油漆和胶带来加以明确：黄色代表通道，白色代表半成品，绿色代表合格品，红色代表不合格品。

6S 管理强调尽量细化，对物品的放置场所要求有明确的区分方法。如图 1.5 所示，使用胶带和隔板将物料架划分为若干区域，这样使得每种零件的放置都有明确的区域，从而避免零件堆放混乱。

（2）方法。

整顿的第二个要素是方法。最佳方法必须符合容易拿取的原则。例如，图 1.6 给出了两种将锤子挂在墙上的方法，显然第一种方法要好得多，第二种方法要使钉子对准小孔后才能挂上，取的时候并不方便。因此，现场管理人员应在物品的放置方法上多下功夫，用最好的放置方法保证物品的拿取既快捷又方便。

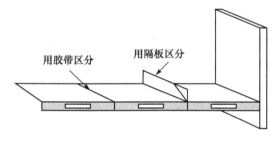

图 1.5　物料架的划分

图 1.6　锤子挂法比较

（3）标志。

整顿的第三个要素是标志。很多管理人员认为标志非常简单，但实施起来效果却不佳，其根本原因就在于没有掌握标识的要点。一般说来，要使标志清楚明了，就必须注意以下几点：要考虑标志位置及方向的合理性，公司应统一（定点、定量）标志，并在表示方法上多下功夫，如充分利用颜色来表示等。

2）整顿的三定原则

整顿的三定原则分别是定点、定容和定量。

（1）定点。

定点也称为定位，是根据物品的使用频率和使用便利性，决定物品所应放置的场所，如图 1.7 所示。一般说来，使用频率越低的物品，应该放置在距离工作场地越远的地方。通过对物品的定点处理，能够维持现场的整齐，提高工作效率。

（2）定容。

定容是为了解决用什么容器与颜色的问

图 1.7　定点原则示例

题。在生产现场中，容器的变化往往能使现场发生较大的变化。通过采用合适的容器，并在容器上加上相应的标志，不但能使杂乱的现场变得有条不紊，还有助于管理人员树立科学的管理意识。

（3）定量。

定量就是确定保留在工作场所或其附近的物品的数量。按照市场经营的观点，在必要的时候提供必要的数量，这才是正确的。因此，物品数量的确定应该以不影响工作为前提，数量越少越好。通过定量控制，能够使生产有序，明显降低浪费。

（4）定点、定量的重要工具：形迹管理。

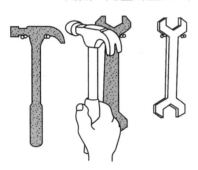

为了对工具等物品进行管理，很多企业采用工具清单管理表来确认时间、序号、名称、规格、数量等信息。但是，使用工具清单管理表较为烦琐，而且无法做到一目了然。因此，有必要引入一种更为科学、直观的管理方法——形迹管理。

形迹管理是将物品的形状勾勒出来，将物品放置在对应的图案上。如图1.8所示，画出每件工具的轮廓图形以显示工具搁放的位置。这样有助于保持存放有序，某件工具丢失便立即能够显示出来。

图1.8 形迹管理的应用

案例1-2

浙江蓝天环保高科技有限公司下沙生产基地的 6S 管理成效

2004年12月6日，一家媒体公布了《中国"工作倦怠指数"调查结果》：普通员工出现工作倦怠的比例最高，达到48％。实际上，员工对工作产生厌倦的现象在很多企业都存在。

个人积极性发挥与否与其工作成就感有很大的关系，没有成就感很容易产生职业倦怠，这对企业的发展极为不利。

但是，浙江蓝天环保高科技有限公司下沙生产基地却通过推行 6S 管理，设法激发出了员工的改善热情。他们在 6S 管理推行过程中导入了管理创新活动，鼓励广大员工积极建言献策，并设置丰厚奖金对提出合理化建议的员工给予奖励。在这种氛围下，员工们积极参与现场管理，为解决问题献计献策，使得企业的现场情况较 6S 管理推行前有了明显的改善。

其中，较为典型的事例是：在 6S 管理推行之前，车间中工具的摆放乱七八糟，工具经常丢失，推行 6S 管理之后，企业积极展开形迹管理，工具的摆放固定有序，一目了然，如图1.9所示。

图 1.9　浙江蓝天环保高科技有限公司下沙生产基地 6S 整顿效果

自检1-2

一日，某分析班组接到一个新分析样品，看规程后发现其需要的一种化学试剂手边没有，于是班长到二级库去寻找。但在试剂柜里找了半天也没找到，只好找材料员去领取。3d 后材料员从公司领回，才进行分析。可若干天后，该班长在寻找别的化学试剂时，却又碰到了该试剂，于是认为是自己没有好好找。

请用 6S 管理思想分析一下，为什么会出现这种情况？

3. 清扫

清扫是将工作场所内看得见和看不见的地方打扫干净，当设备出现异常时及时进行修理，使之恢复正常运转状态。清扫过程是根据整理、整顿的结果，将不需要的部分清除出去，或者标示出来放在仓库之中。

在生产过程中会产生灰尘、油污、铁屑、垃圾等，从而使现场变脏。脏的设备会使设备精度下降，故障多发，影响产品质量，使安全事故防不胜防；脏的现场更会影响人们的工作情绪。因此，必须通过清扫活动来清除那些杂物，创建一个明亮、舒畅的工作环境，以保证安全、优质、高效率的工作。

1）清扫的要点

清扫的要点包括责任化、标准化和污染源改善处理。

（1）责任化。

所谓责任化，就是要明确责任和要求。在6S管理中，经常采用如表1.4所示的6S区域清扫责任表来确保责任化。在责任表中，对清扫区域、清扫部位、清扫周期、责任人、完成目标情况都应有明确的要求，提醒现场操作人员和责任人员需要做哪些事情，有些什么要求，明确用什么方法和工具去清扫。

表1.4　6S区域清扫责任表

项目 ＼ 时间	1日	2日	3日	4日	5日	6日
目标要求						
实际评估						
情况确认						

（2）标准化。

当不小心把一杯鲜奶洒在桌子上时，有人会先用干毛巾擦后再用湿毛巾擦，而有人会先用湿毛巾擦后用干毛巾擦。对于如此简单的一个问题，竟然有两种完全不同的答案。而现场管理遇到的问题则要复杂得多，如果不能够实现标准化，同样的错误可能不同的人会重复犯。因此，清扫一定要标准化，共同采用不容易造成安全隐患的、效率高的方法。

（3）污染源改善处理。

推行6S管理一定不能让员工觉得只是不停地擦洗设备、搞卫生，每天都在付出相应劳动。需要清扫的根本原因是存在污染源，如果不对污染源进行改善处理，仅仅是不断的扫地，那员工一定会对6S管理产生抵触情绪。因此，必须引导员工对污染源发生方面做出一些有效的处理改善措施，很多污染源只需要采取一些简单的措施和较少的投入，就能予以有效杜绝。

2）清扫的主要对象

清扫主要是为了将工作场所彻底清理，杜绝污染源，及时维修异常的设备，以最快的速度使其恢复到正常的工作状态。通过整理和整顿两个步骤，将物品区分开来，把没有使用价值的物品清除掉，并在清扫过程中可发现潜在的机器设备、操作方法、生产安全等方面的问题。

一般说来，清扫的对象主要集中在以下几个方面：

（1）清扫从地面、墙板到天花板的所有物品。需要清扫的地方不仅仅是人们能看到的地方，在机器背后通常看不到的地方也需要进行认真彻底的清扫，从而使整个工作场所保持整洁。

（2）彻底修理机器工具。各类机器和工具在使用过程中难免会受到不同程度的损伤，因此，在清扫这一环节中还包括彻底修理有缺陷的机器和工具，尽可能地降低和减少突发的故障。

（3）发现脏污问题。发现脏污问题也是为了更好地完成清扫工作。机器设备上经常会是污迹斑斑，因此需要工作人员定时清洗、上油、拧紧螺钉，这样在一定程度上可以稳定机器设备的品质，减少工业伤害。

（4）杜绝污染源。污染源是造成无法彻底清扫的主要原因。粉尘、刺激性气体、噪声、管道泄漏等污染都存在污染源，只有解决了污染源，才能够彻底解决污染问题。

 案例1-3

"白袜子"与海尔冰箱的秘密

2007年，海尔冰箱全球年产能达到2000万台，中国市场18年销售第一的背后是制造竞争力做支撑。

对外人而言，当在海尔冰箱的生产车间内，看到一群身着整齐工装，但却不穿鞋只穿着白袜子的人走来走去，还不时到产品总装线踩踏一番时，肯定会吃惊不已。毕竟在忙碌的生产线上，这些人的装束和行为有点让人不可思议。但这一幕在海尔冰箱生产线的员工眼中，却是司空见惯了的事情，因为同样的一幕每周都会上演一次。

"穿白袜子进入生产车间主要是检测现场6S管理是否符合新标准。"海尔冰箱事业部负责人一语道出了外人眼中的"怪现象"。穿白袜子的人是海尔冰箱的质量管理人员，走一圈之后如果白袜子不变色，说明生产现场整洁达标，否则为不合格。这种在家里都可能做不到的事情，却在海尔冰箱的车间里每周都会发生。

据该负责人介绍，6S方法是海尔在加强生产现场管理方面独创的一种方法。"穿白袜子走现场"能督促生产管理人员保持地面干净，这样既能保证产品质量，也能给员工一个好心情，但这需要所有员工的共同努力。这种努力需要员工具有新的思维模式，这当然来自于观念上的转变。"穿白袜子走现场"的目的就是树立员工精细化的观念，并通过每周一次将此平台固化下来。检验现场后的袜子会悬挂到现场，现场的改善结果员工自己就能看见，这些感官刺激将使员工深刻地认识到自己与目标的差距，并改善自己的行动，为消费者提供精细化产品。

小中见大，"一双白袜子"折射出海尔冰箱国内市场18年销售第一背后的质量竞争力与无往不胜的秘诀所在。在质量基石之上，海尔冰箱的产能规模已经达到了全球第一。据了解，截至2008年1月海尔冰箱已经在美国、意大利等海外建立了16个制造基地，在中国有6个具有世界先进水平的生产基地和1个在建基地。

在这个细节决定成败的市场竞争中，企业的目标再高远，也要脚踏实地并将现场的每一个细节都做好。海尔冰箱的质量管理者"穿白袜子检验现场"的背后，是其对创造用户满意度最大化的追求与实践。

自检1-3

某生产车间员工在进行日常卫生清扫过程中，发现电机下面有油迹，立即擦拭干净，然后继续清扫其他地方。此员工做法对否？

4. 安全

所谓安全，就是通过制度和具体措施来提升安全管理水平，防止灾害的发生。安全管理的目的是加强员工的安全观念，使其具有良好的安全工作意识，更加注重安全细节管理。这样不但能够降低事故发生率，而且能提升员工的工作品质。安全仅仅靠口号和理念是远远不够的，它必须有具体措施来保证实施。

（1）彻底推行3S管理。

现场管理中有一句管理名言：安全自始至终取决于整理、整顿和清扫（3S）。如果工作现场油污遍地，到处零乱不堪，不但影响现场员工的工作情绪，最重要的是会造成重大的安全隐患。因此，推行6S管理一定要重视安全工作的重要性，认真做好整理、整顿、清扫这3项要求。

（2）安全隐患识别。

安全隐患识别是一种安全预测。首先把工作现场所要做的工作的每一步全部列出来，然后分析每一步工作是否可能造成安全隐患。例如，在检修安全中，应该详细分析针对高空作业是用安全绳还是吊篮或者用其他一些辅助措施，分别列出使用各种工具或措施可能产生的问题，针对可能产生的问题采取一系列预防措施来防止问题的发生。

（3）标志（警告、指示、禁止、提示）。

在安全管理中，能够用标志处理好的事情就尽量用标志来处理，这是因为标志既简单又成本低。例如，醒目位置处的"严禁水火"、"小心来车"等标志能够清楚地提醒现场的工作人员注意避免危险情况的发生。如果现场没有相应的警告、指示、禁止、提示等标识，一些不了解现场的人员可能因为忙中出错而导致安全事故的发生。

（4）定期制定消除隐患的改善计划。

在安全管理中，警告、提示和禁止等标志并不能解决所有的安全隐患，企业管理层还必须定期制定出消除隐患的改善计划。因此，优秀的企业十分强调安全问题，每年都会根据隐患改善计划拨出相应的经费，专门用于解决安全隐患问题，如加强防护措施，防止物品搬运中撞坏现场的仪表等。

（5）建立安全巡视制度。

在很多优秀企业中都建立了安全巡视制度，即设立带着SP（safety professional）袖章的安全巡视员。这些安全巡视员都经过专门的培训，能够敏锐地发现现场的安全问题，以实现"无不安全的设备、无不安全的操作、无不安全的场所"的目标。

安全巡视员通过"CARD作战"的形式来给予安全指导：对公司财产可能造成人民币20 000元以上损失或对人身安全构成重大隐患的，使用红卡；对公司财产可能造成人民币5000~20 000元损失，或可能对人身造成一般损害的，使用黄卡；对公司财产可能造成人民币5000元以下损失的，使用绿卡。

（6）细化班组管理。

安全管理还需要细化班组管理。人命关天，班组是最可能发生安全事故的地方，因此，企业管理人员要对员工进行安全教育，公布一些紧急事故的处理方法。例如，在适当的时机应多加强演练火灾发生时的应急措施的使用，一旦工厂发生火灾，应该如何选择逃生线路，由谁负责救护，谁负责救活，以及确定集合疏散地点等。

案例1-4

机械师与海因里希法则

几乎每个安全管理者在进行安全教育的时候都要提到海因里希（Heinrich）法则。

海因里希是一名美国安全工程师，他曾统计了55万件机械事故，其中死亡、重伤事故1666件，轻伤48 334件，其余则为无伤害事故。

通过这些数据，海因里希得出一个重要结论，即在机械事故中，死亡、重伤、轻伤和无伤害事故的比例为1∶29∶300，这一法则就是海因里希法则。

这个法则说明，在机械生产过程中，每发生330起意外事件，有300件未产生人员伤害，29件造成人员轻伤，1件导致重伤或死亡。

对于不同的生产过程，不同类型的事故，上述比例关系不一定完全相同，但这个统计规律说明了在进行同一项活动中，无数次意外事件，必然导致重大伤亡事故的发生。而要防止重大事故的发生必须减少和消除无伤害事故，要重视事故的起因和未遂事故，否则终会酿成大祸。

在美国，有一个机械师几年来一直用手把6in（1in≈2.54cm）宽的皮带挂到29in正旋转的皮带轮上，在最后的一次操作中，因站在摇晃的梯板上，又穿了一件宽大长袖的工作服，没有使用拨皮带的杆，以致被皮带轮绞入而碾死。

这位机械师的操作有四个问题：一是站在摇晃的甲板上，二是穿宽大长袖的工作服，三是没有使用拨皮带的杆，四是皮带轮正在旋转。

事故调查结果表明，他每天都在采用这种错误的上皮带的方法，达数年之久。查阅他四年的病志，也就是急救上药记录，发现他曾有33次手臂擦伤的治疗处理。

这个比例估计为1200∶33∶1。这1234次的事件，都是错误操作。但开始几次错误操作并没有让他出现大的伤亡事故，所以他就以为这种错误操作并不会使他出现大的伤害事故。

虽然他的每一次错误操作都有可能发生重伤事故，但是根据海因里希法则，这位机械师的错误操作导致重伤事故是必然的。错误操作的次数越多，发生事故的概率就越接近1，直至最后发生重伤事故。最终这位机械师的死亡说明了这一点。

要想不发生被轮子绞入而碾死的事件，就只有不冒险，遵守规定，让飞转的轮子停下来，再进行挂皮带的操作。

对照海因里希法则，我们企业的一些长期习惯性操作，存在着不安全因素，以前没有发生重大事故，不代表以后也不会发生重大事故，从上例机械师死亡事故，应该吸取教训。

自检1-4

很多企业在推行 6S 管理的初期兴致很高。但是，推行了几个月后往往发现，工人对整天做打扫工作很厌烦，认为不但增加了工作负担，还没什么效果。因此，不少管理人员和员工便产生了"6S 不过就是大扫除"的想法。

你认为这种想法正确吗？为什么会出现这种想法？这些企业在推行 6S 管理的过程中有哪些失误？请简要地阐述你的观点。

5. 清洁

清洁是在整理、整顿、清扫、安全等管理工作之后，认真维护已取得的成果，使其保持完美和最佳状态。因此，清洁的目的是为了坚持前 4S 管理环节的成果。做到一时整理、整顿、清扫、安全并不难，但要长期维持就不容易了，若能经常保持 4S 的状态，也就达到了清洁管理的要求。

清洁并不能单纯从字面上来理解，它是对前 4 项管理活动的坚持和深入，将其转化为常规行动，将好的方法总结出来，进行标准化，形成管理制度，长期贯彻实施，并不断检查改进。

此外，清洁还应注重定期检查和对新人的教育。目前，推行 6S 管理的企业在清洁时常采用的运作方法主要包括：红牌作战、3U MEMO、目视管理以及查检表等，这些方法和工具能够有效推动 6S 管理的顺利开展。

6. 素养

所谓素养，是指通过晨会等手段，提高全体员工文明礼貌水准，促使每位员工养成良好的习惯，并遵守规则。6S 管理始于素质，也终于素质，6S 管理的核心是提高参与者的品质。如果人的素养没有提高，6S 管理将无法长期坚持下去。因此，提高素养的目的是培养拥有良好习惯、遵守规则的员工，培养文明的人，营造团队精神。

1）素养的注意点

培养职工素养应注意以下三点：

（1）形似且神似。

所谓"形似且神似"，指的是任何事情都必须做到位。国内很多企业以前也学习日本和欧美各国企业的管理体系，也推行过 TQC 等管理方法，但大多数以失败告终，根本原因在于没有做到神似。

（2）领导表率。

榜样的力量是无穷的，企业在推行任何政策的过程中都需要领导层起表率作用。例如，在 6S 管理的推行过程中，如果总经理主动捡起地上的垃圾，将对周围下属产生"此时无声胜有声"的效果，促使其他员工效仿。

（3）长期坚持。

6S 管理需要长期的坚持实施。6S 管理通过整理、整顿、清扫、清洁等一系列活动来培养员工良好的工作习惯，最终内化为优良的素质。如果连 6S 管理都做不好、不能坚持下去的话，其他的先进管理都是空话。日本企业已经推行了几十年的 6S 管理，目前依旧在坚持，为企业带来了巨大的利益。

2）晨会的好处

晨会上会宣布当天的工作安排，下达生产计划，它是非常好的提升员工文明礼貌素养的平台。很多企业晨会的最后一个项目是文明礼貌的宣讲，通过"早上好"、"谢谢"、"对不起"等礼貌用语的宣传，一年下来，整个企业员工的文明素养就会明显提升。

因此，企业应该积极建立晨会制度，这样更有利于培养团队精神，使员工保持良好的精神面貌。在宣讲文明礼貌用语的过程中，也能很好地提升管理干部的语言表达能力和沟通能力。通过晨会灌输 6S 管理理念，使员工自觉意识到严格遵守工作规定是必须的，从而实现 6S 管理从形似到神似的升华。

7. 目视管理

很多企业的管理者将现场状况不佳归咎于员工的素质太差。实际上，频繁出现问题的根本原因不是员工的素质差，而是企业文化不好，管理人员的管理水平不高。由于每个人的人生观与价值观的差异，企业要求所有的员工都能够品质高尚、责任心强、工作作风严谨是不现实的。作为管理人员，应该将每一位员工当作普通人来对待。

因此，企业应该倡导现场管理的新理念：打造傻瓜现场。所谓傻瓜现场，指的是即使是傻瓜都能够完成现场的工作。由于员工个人能力的差异，不能够要求每位员工都凭记忆、凭经验、凭能力自己去区分事情是否正确。企业应该将工人视为极普通的人，通过提高 6S 管理水平，使得现场管理程序化、标准化、规范化，降低员工出错的概率，营造高效率、低成本的傻瓜现场。

目视管理就是这样一种打造傻瓜现场的现场管理方法。它利用形象直观、色彩适宜的各种视觉信息和感知信息来组织现场生产活动，从而达到提高劳动生产率的一种管理方式。目视管理是能看得见的管理，能够让员工用眼看出工作的进展状况是否正常，并迅速地做出判断和决策。

目视管理与其他管理工作相比，其特点如下：形象直观，容易识别，简单方便，传递信息快，可以提高工作效率；信息公开化，透明度高，便于现场各方面人员的协调配合与相互监督。另外，目视管理能科学地改善生产条件和环境，有利于产生良好的生理和心理效应。

在日常生活中，目视管理的应用实例比比皆是。常见的目视管理的手段有标志线、标志牌、显示装置、信号灯、指示书以及色彩标志等多种形式。表 1.5 列举了区域划线、物品的形迹管理、安全库存量与最大库存量明示、仪表的标示等目视管理实例的实现方法以及产生的作用。

表 1.5　目视管理的应用实例

应用实例	实现方法	产生的作用
区域划线	用油漆在地面上刷出线条 用彩色胶带贴于地面上形成线条	划分通道和工作场所，保持通道畅通，对工作区域画线，确定各区域功能，防止物品随意移动或搬动后不能归位
物品的形迹管理	在物品放置处画上该物品的形状 标出物品名称 标出使用者或借出者 必要时进行台账管理	明示物品放置的位置和数量，使物品取走后的状况一目了然，防止需要时找不到工具的现象发生
安全库存量与最大库存量明示	明示应该放置何种物品 明示最大库存量和安全库存量 明示物品数量不足时如何对策	防止过量采购，防止断货，以免影响生产
仪表的标示	在仪表指针的正常范围上标示绿色，异常范围上标示红色	使仪表的指针是否正常一目了然
6S实施情况确认表	设置现场6S责任区 设计表格内容	明确职责，明示该区域的6S责任人，明确要求，明示日常实施内容和要求，监督日常6S工作的实施情况

浙江蓝天环保高科技有限公司下沙生产基地大力推行 6S 管理，在各生产车间、办公区域都实行了严格的形迹管理、目视看板管理，并将其制度化、规范化、长期化。图 1.10 即为其目视管理的一部分例子。

（a）试漏瓶放置

（b）管路标识

（c）设备标识

（d）指路牌

图 1.10　浙江蓝天环保下沙生产基地目视管理例子

8. 6S 推行步骤

理解 6S 管理的内容与要义，是开展 6S 管理的基础。但是，仅仅知道 6S 的内容是远远不够的，获得显著效果的关键在于加强 6S 管理推行的过程控制。一般说来，6S 管理的推行包括以下 11 个步骤。

（1）成立推行组织。

推行 6S 管理的第 1 个步骤是成立推行组织。仅仅给车间主任配备几本教材，给每位管理员工上几堂课，并不能做好 6S 管理。6S 管理本身是一种企业行为，因此，6S 管理的推行一定要以企业为主体。

如图 1.11 所示，从建立组织开始，由企业厂长亲自担当推行委员会的主任，下面可另设副主任职务。在 6S 推行委员会中，推行办公室是一个相当重要的职能部门，它负责对整个 6S 推行过程进行控制，负责制定相应的标准、制度、竞赛方法和奖惩条件等。

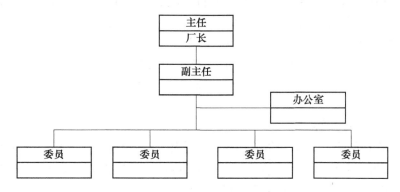

图 1.11　6S 推行委员会组织图

（2）拟订推行方针及目标。

推行 6S 管理的第 2 个步骤是拟订推行 6S 管理的推行方针与终极目标。例如，一些知名企业的 6S 推行方针为"告别昨日，挑战自我，塑造华丽新形象"、"规范现场、现物，提升人的品质"、"改变设备、改变人、改变环境，最终达成企业体质的根本革新"等。

对于推行目标，每个推行部门可以考虑为自身设置一些阶段性的目标，脚踏实地地实现这些目标，从而达到企业的整体目标。例如，可以要求"第 4 个月各部门考评 90 分以上"、"一分钟之内找到所需要的文件"。

（3）拟订推行计划和日程。

推行 6S 管理的第 3 个步骤是拟订实施计划与相应的日程，并将计划公布出来，让所有的人都知道实施细节。制定表 1.6 所示的日程与计划表，让相关部门的负责人以及全公司的员工都知道应该在什么时间内完成什么工作，如什么时间进入样板区选定、什么时间进行样板区域 6S 推行、什么时间进行样板区域阶段性交流会。

表 1.6　6S 管理推行的日程与计划

项次	项目	推行 6S 管理大日程						
		1 月	2 月	3 月	4 月	5 月	6 月	××月
1	推行组织成立							
2	前期准备							

续表

项次	项目	推行 6S 管理大日程						
		1月	2月	3月	4月	5月	6月	××月
3	宣传教育展开							
4	样板区域选定							
5	样板区域 6S 推行							
6	样板区域阶段性交流会							

（4）说明及教育。

要想推行好 6S 管理，首先必须解释到位。说明及教育是推行 6S 管理的第 4 个重要步骤。很多企业都邀请一些专家或老师去讲课，但是，能够听课的毕竟是企业中的少数人，绝大多数现场的一线员工没有机会去听课。

因此，企业应该通过各种有效途径向全体员工解释说明实施 6S 管理的必要性以及相应的内容。例如，企业可以利用晨会的时间进行说明，还可以通过宣传栏、板报等多种形式进行宣传教育。

（5）前期的宣传造势。

推行 6S 管理的第 5 个步骤是前期的宣传造势。6S 管理实际上是为了营造一种追求卓越的文化环境，营造一个良好的工作氛围，因此，适当的宣传造势活动是必不可少的。很多成功企业在推行 6S 管理的过程中，最常见的宣传造势活动形式是请几个样板区的车间主任或部门经理在全公司的大会上宣誓。

（6）导入实施。

推行 6S 管理的第 6 个步骤是导入实施。前期作业准备（责任区域明确、用具和方法准备）、样板区推行、定点摄影、公司彻底的"洗澡"运动、区域划分与划线、红牌作战、目视管理以及明确 6S 管理推行时间等，都是导入实施过程中需要完成的工作。

导入实施的各项内容包括很细致的规定。以区域划分与划线为例，主通道的宽度、区划线的宽度、红黄绿三种颜色的使用场合、实线与虚线的使用方法，都需要推行办公室与各个车间进行协商，最后由推行办公室制定出统一的规则。

（7）确定考评方法。

在确定考评方法的过程中需要注意的是，必须要有一套合适的考评标准，并在不同的系统内因地制宜地使用合适的标准，如对企业内所有生产现场的 6S 考评都依照同一种现场标准进行打分，对办公区域则应该按照另一套标准打分。

对某些污染很严重、实施难度很大的车间，仅靠一套标准是不合理的。这时候可以考虑采用加权系数：根据各个区域的差异情况设定困难度系数、人数系数、面积系数和修正系数，将这 4 个系数加权平均后得到各个部门的加权系数，各个部门的加权系数乘上考核评分就等于这个部分的最终得分。加权系数经验公式如下：

$$k = \frac{\left[k_1 + (k_2 \times k_3) + k_4\right]/3 + (k_1 \times k_2 \times k_3 \times k_4)}{2}$$

式中，k_1、k_2、k_3、k_4 分别为困难度系数、人数系数、面积系数、修正系数，各个系数的具体数值应在对企业生产管理现状做最初评估后确定。

（8）评比考核。

要想使评比考核具有可行性与可靠性，制定科学的考核与评分标准就显得十分重要。有的企业制定的考核标准难以量化（如"垃圾桶不能太满"等），从而使标准失去了可操作性，6S 管理的推行也因此陷入困境。因此，企业制定一套具有高度可行性、科学性的 6S 管理考评标准是非常必要的。

（9）评分结果公布及奖惩。

6S 管理推行的第 9 个步骤是公布评分结果，并进行相应的奖励和惩罚。每个月进行两次 6S 考核与评估，并在下一个月 6S 管理推行初期将成绩公布出来，对表现优秀的部门和个人给予适当的奖励，对表现差的部门和个人给予一定的惩罚，使他们产生改进的压力。

（10）检讨修正、总结提高。

6S 管理推行的第 10 个步骤是检讨修正，进而总结提高。问题是永远存在的，每次考核都会遇到问题，因此，6S 管理是一个永无休止、不断提高的过程。随着 6S 管理水平的提高，可以适当修改和调整考核的标准，逐步严格考核标准。此外，还可以增加一些质量控制（QC）手法与工业工程（IE）工程改善的内容，这样就能使企业的 6S 管理水平达到更高层次。

（11）纳入定期管理活动中。

通过几个月、甚至一年的 6S 管理推行，逐步实施 6S 管理的前 10 个步骤，促使 6S 管理逐渐走向正规之后，就要考虑将 6S 纳入定期管理活动之中。例如，可以导入一些 6S 管理加强月（包括红牌作战月、目视管理月等）：每 3 个月进行一次红牌作战，每 3 个月或半年进行一次目视管理月。通过这些好的方法，可以使企业的 6S 管理得到巩固和提高。

 案例1-5

星火公司 6S 管理方法体系的实施

1. 公司概况及存在问题

1）公司介绍

天水市星火有限责任公司（简称星火公司）于 2002 年 6 月由原星火机床厂改制组建而成，是我国机床工具行业的重点骨干企业之一，是我国生产大型数控车床、大型卧式车床的主导厂；公司现有职工 1400 人，注册资金 5000 万元，资产总额 6.3 亿元，资产负债率 49%；银行信用等级 AAA，占地面积 40.8 万 m²，技术装备上拥有 800 余台金属切削及齿形加工设备，拥有年产铸件 2 万余吨的树脂砂生产线，有年出产 1200 余台产品的生产能力；企业具有很强的产品研发能力和生产制造能力，获"全国五一劳动奖状"，被评为全国首批"创新型企业"、"国家引进国外智力示范单位"、"全国机械工业先进集体。

2）星火公司推行 6S 管理前存在的问题

（1）生产现场管理方面的问题。生产现场环境和沈阳机床厂、北京第一机床厂相比较差，卫生方面存在很多死角，现场灰尘较大，这些都需要改善。工装检具摆放混乱、数量不清、时有时无，使用时找不到，不用时却很多，好用与不好用的混放在一起。现场很多物品的放置没有固定的场所、数量不清，需要加强管理。现场很多设备、管线缺少标识，需要进行统一管理。现场使用的物料摆放混乱、数量不清，包装物随意乱放。

（2）成品管理方面的问题。机加分厂和装配分厂的成品管理时常发生数量差异、现场摆放查找困难、标签没出车间丢掉等现象，同时存在张冠李戴的现象。

生产物资供应处成品管理方面的问题主要表现在以下方面：一是生产物资出入库困难。由于产品借用关系复杂，成品库房成品规格较多、摆放混乱，增加了保管员查找货位的时间，造成出入库困难。二是对成品件防护意识差。对运输成品件出入库没有防护措施，一个好的成品件从出入库到装配现场，磕碰划伤严重。三是库房成品件不及时上架，造成库房混乱，零件丢失现象严重。

（3）安全方面的问题。在安全方面公司通过欧洲 CE 安全体系认证，获得国家职业健康安全管理体系认证（OHSAS 18001：1999）、环境管理体系认证（ISO 14001：2004），但是还存在很多问题。例如，现场员工违反规定操作的现象时有发生，不穿防砸鞋、铸造清理部不戴防毒面具进行作业；现场缺少安全标识、安全防火疏散图、"小心叉车"标识等；缺少火灾、爆炸应急预案。对生产现场安全危险源的辨识存在漏洞，对于发现安全隐患的人员和违反安全管理规定的人员的考核，执行不力。

2. 星火机床公司 6S 管理方法体系的实施

6S 管理工作对一个标准流水作业的企业来说比较容易，但对星火这个机械制造行业来说有很多困难，为了能实现世界一流企业和产品，改变流程，改善现场管理，加强实施 6S 工作非常重要。为此星火公司制定了一系列实施 6S 管理的措施，首先制定公司《6S 活动实施管理办法》，成立了委员会，并成立了独立行政办公室；制定并下发了《6S 活动推行计划表》、《6S 活动评比宣传栏（模板）》、《6S 活动不要物处理流程表》、《6S 活动不要物处理清单》、《6S 活动样板区域申报表》、《6S 活动创意申报表》、《6S 活动推行计划表》、《6S 活动评比宣传栏（模板）》、《6S 活动不要物处理流程表》、《6S 活动不要物处理清单》、《6S 活动样板区域申报表》、《6S 活动创意申报表》；制定了详细可行的办法，取得了良好的效果。机床制造业中安全是头等大事，公司在实行过程中，把 6S 中的安全分开成立了安技环保处，专门负责企业的安全工作。星火公司的 6S 工作是根据企业的自身实际，从点到面，从简到全，注重实效，分部实施。为实施好此项工作，公司开展了 4 个一步到位工作（铁屑清理一步到位，倒棱倒角一次到位，零部件摆放一次到位，加工质量一次到位）。

1）整理的实施

对 6S 管理来说，整理流程中最为重要的步骤就是制定"要不要"、"留不留"

的判断基准。如果判断基准没有可操作性，那么管理就无从下手。例如，工作场所全面检查后，所有物品需要判别，哪些是需要的，哪些是不需要的。制定"需要"和"不需要"的标准，经过推行委员会确定认可后执行。注意"需要"和"不需要"的判别标准是由公司推行委员会根据全公司的实际情况制定的，适用于全公司。

2）整顿的实施

通过对现场的整理后，下一步进行整顿。整顿其实就是研究提高效率的科学方法。它研究的是怎样取得立即需要的物品，以及如何立即放回原位。彻底地进行整理，主要包括以下几方面：一是彻底地进行整理，只留下必须品。整理工作没有落实不仅浪费空间而且备件或产品会因此造成浪费。二是在工作岗位只能摆放最低限度的必需品。摆放过多，一方面占用空间，另一方面可能造成寻找时间的浪费。三是正确判断出是个人所需品还是班组共有品。

3）清扫的实施

在完成前2个S后，进入3S——清扫阶段。清扫就是使现场达到没有垃圾、没有脏污的状态，虽然已经整理、整顿过，要用的东西马上就能取得，但是被取出来的东西要处于能被正常使用的状态才行。达到这种状态是清扫的第一目的。对于高品质、高附加值产品的制造，特别是超大重型数控产品的制造，更不得有垃圾或灰尘的污染，从而造成产品的不良。以下为清扫要领：人人参与，公司所有部门、所有人员都一起来执行这个工作，自己使用的物品，如设备、工具等自己清扫，不增加专门的清扫人员；划分区域，责任到人，明确每个人负责清扫的区域，清楚划分区域，不留下没人负责的区域，每名岗位工负责工作现场区域的清扫，办公室人员制定清扫轮流表，负责办公区域的清扫；与点检、保养工作充分结合，一边清扫，一边改善设备状况，把设备的清扫与点检、保养、润滑、结合起来。

4）清洁的实施

清洁与整理、整顿、清扫的3个S略微不同。3S是行动，清洁并不是"表面行动"，而是表示了"结果"的状态。"清洁"是根除不良和脏乱的源头。"整理"、"整顿"、"清扫"是结果，即在工作场所通过前3个S后呈现的状态是"清洁"，从而创造一个无污染、无垃圾的工作环境。为此我们制定目视管理、颜色管理的基准，借整顿的定位、划线、标识，运用目标管理法，彻底塑造一个物品放置明朗的现场，达到目视管理的要求。例如，部装分厂、数控分厂对于生产现场的工具、物料、零件、成品、不良品放置区域，定置摆放，而且有防尘措施和明显的标识；减速机分厂和中小件分厂对所有成品零件全部使用托盘，禁止成品件着地。

5）安全的实施

由于星火公司属于机械制造，生产现场有超大重量设备如床身、床头等都要采用天车吊运，物的不安全状态因素很多，所以安全的推行至关重要，公司专门成立了安技环保处，负责企业的安全生产工作，实行安全一把手负责制，安全一票否决，生产车间配备了专职安全员，负责车间安全方面的工作。通道、区域划线，叉车、夹包车不可超出线外放置或压线行走；工具、清扫用具用完后放回原处；灭火器放置处、消火栓、出入口、疏散口、配电柜等禁止放置物品；易燃、易爆、有毒物品专区放置；叉车、夹包车、电动葫芦等需要专业人员使用，其他人不得违规使用。

6）素养的实施

在开展 6S 活动中，要贯彻自我管理的原则，不能指望别人来代为办理，而应充分依靠现场人员来改善。为了让 6S 活动在员工中养成习惯，持续不断彻底地推行下去，就必须从规章制度的执行上入手，制定共同遵守的规章制度，要求全体共同遵守，不能有例外现象，尤其是高层管理者更要起带头表率作用。如果企业里的员工都有良好的习惯，都能够遵守规章制度，那么管理起来就会很轻松，企业的各项工作就都能贯彻落实，企业就会向着健康的方向发展。例如，星火公司为每位员工制作了印有公司标志的四季服装，出入公司必须持有印有本人照片的"一卡通"胸牌。可以说每一位员工都代表着企业，改善员工的形象就是改善企业的形象，制定服装、"一卡通"，能够让每位员工以最好的精神面貌投入工作。

总之，6S 管理为现代企业管理提供了非常简单的管理方法，使每位员工都能够理解。星火公司经推行 6S 工作以后，不但提高了工作质量和效率，更重要的是使员工养成认真规范的好习惯，生产现场整洁有序，安全通道畅通无阻，库房管理井然有序，账物、账账相符，节约了成本，提高了工作效率。为企业高质量发展打下坚实的基础，从而提升企业形象和竞争力，使星火真正燎原。

自检1-5

培训是 6S 管理顺利推行所必不可少的环节，企业必须动员和鼓励员工积极参与 6S 知识的培训。但是，在 6S 培训过程中常常可以发现，很多员工对此兴趣并不浓厚，主动参与感不强烈。那么，应该采用什么样的培训方法来改变员工的观念，使其积极参与到 6S 活动中去呢？如果你作为 6S 活动的推动者，打算如何做？请简单叙述。

思考题

（1）整理阶段的常用方法有哪几种？

（2）简述"红牌作战"的详细操作步骤。

（3）简述定点摄影法的使用技巧与注意事项。

（4）整顿的三要素是什么？

（5）整顿的"三定"是指什么？分别简述其含义。

（6）清扫的要点是什么？

（7）简述 6S 管理中"清洁"的含义。

（8）6S 中整理、整顿、清扫与安全之间有什么关系？应该从哪些方面着手构筑一个安全企业？

（9）简述海因里希法则，从中你可以得到什么启示？

（10）提高职工素养需要注意哪几点？晨会制度有什么好处？

（11）目视管理有什么作用？

（12）简述企业推行 6S 管理的步骤。

 能力评价

专业能力评价表，见表 1.7。

表 1.7 专业能力评价表

任务名称	会/不会	熟练程度	个人自评	小组互评	教师评价	总评
了解 6S 管理的起源与发展						
知道 6S 管理的目标						
熟知 6S 管理的作用						
整理方法与要点						
整顿方法与要点						
清扫方法与要点						
构筑安全企业要素与执行方法						
清洁阶段的执行方法与要点						
素养提升方法与要点						
目视管理执行方法与要点						

方法、社会能力评价表，见表 1.8。

表 1.8 方法、社会能力评价表

能力项目	个人自评	小组互评	教师评价	提升情况总评
方法能力				
自学能力				
启发和倾听他人想法的能力				
口头表达能力				
书面表达能力				
团队协作精神				
6S 管理能力				

项目2　研压法皂类产品生产技术

★任务 2.1　常用原料的认知

【学习目标】

（1）了解皂类产品油脂、辅料的组成及功能。

（2）能够识别一些常用的肥、香皂原料。

（3）能利用原料设计一些常用的香皂配方。

【任务分析】

（1）通过课前预习教材、参考资料，了解肥皂、香皂生产原料的相关知识。

（2）通过理论学习与实训，了解油脂配方对皂类产品外观及性能的影响，能够完成简单的油脂配方设计（表2.1和表2.2）。

表 2.1　某品牌透明皂所用油脂的指标

配方1	组成比	性质及脂肪酸组成	凝固点	皂化值	碘值
牛羊油	55%				
工业猪油	35%				
椰子油	10%				

表 2.2　某品牌香皂配方中各辅料的主要用途

原料名称	添加量	作　用
泡花碱（硅酸钠）	1%	
钛白粉	0.2%	
EDTA二钠	0.1%	
增白剂	0.04%	
香精	0.5%	
色素	少量	

• • •

 相关知识 •

肥皂是最早使用的洗涤用品，虽然合成洗涤剂的产量不断增加，但是由于肥皂具有耐用、洗涤干净、无毒、易降解、无污染等优点，仍然是主要的洗涤用品之一。

肥皂是高级脂肪酸盐的总称。它的化学通式为 RCOOM，式中 R 代表烷基，其碳原子数一般为 8～22；M 代表金属离子，一般为 Na^+、K^+、NH_4^+ 等。通常以高级脂肪酸的钠盐用得最多，一般称作硬肥皂；其钾盐称作软肥皂，多用于洗发、刮脸等；其铵盐则常用来做雪花膏。

皂类按照其组成、外观和用途不同，一般分为香皂、透明皂、功能性香皂等。按脂肪酸含量分为以下几种：42 型（含 42％的脂肪酸）、47 型、53 型、65 型、72 型（透明皂）及香皂等。目前，市场上以香皂和透明皂较为常见。其原料可分为两大类：一类是主要原料，即经皂化或中和后起洗涤作用的油脂或脂肪酸；另一类是辅助原料，即在洗涤过程中可以发挥助洗作用或赋予产品色泽、抗硬水等提高产品品质的原料。如表 2.3 所示为某品牌香皂主要原料配方。

表 2.3 某品牌香皂主要原料配方

皂基				辅料			
椰子油	棕榈油	牛羊油	氢氧化钠	EDTA 二钠	泡花碱	甘油	色素
15％	10％	75％	（油脂总量的 14％）	0.10％	1.0％	2％	少量

（一）制备皂基的原料

1. 油脂

油脂是油和脂肪的统称。一般在常温或 20℃以上呈液体的称为油，呈固体的称为脂，但在习惯上，这两个名称是互相通用的，如牛油、猪油和柏油，实际上都是固体脂肪。

油脂由 1 份甘油和 3 份脂肪酸组成，化学名称为甘油三酯，其通式为

$$\begin{array}{l} CH_2OOCR \\ | \\ CHOOCR \\ | \\ CH_2OOCR \end{array}$$

皂用油脂根据其与电解质的关系，可分成粒状油脂和胶性油脂两类。

粒状油脂：这类油脂的肥皂，对电解质非常敏感，在电解质浓度很低时，便发生盐析作用，故亦称盐析性油脂。相对分子质量较高的或饱和性较大的脂肪酸较易发生盐析。一般在制皂时所用的含 16 个或 16 个以上碳原子的油脂包括各种硬化油如牛油，大部分植物油如向日葵油、棉籽油、海产哺乳动物油及鱼油。松香、高分子环烷酸亦属于粒状油脂原料。

胶性油脂：这类油脂生成的肥皂，对电解质不敏感，盐析时所需的电解质浓度较高。属于此类的油脂有椰子油、棕榈仁油、蓖麻油以及脂肪酸分子中有磺酸或其他原子团的油脂，低分子环烷酸亦属于这一类。

制皂时选用的油脂要考虑供应充分、来源广，成皂后符合肥皂的质量要求，且价格低廉，能降低肥皂的成本。因此，油脂在肥皂配方中的变化是很大的。

制皂工业常用的油脂包括以下几类。

1) 动物油脂

(1) 牛羊油：主要成分为棕榈酸酯、硬脂酸酯及油酸酯，是制皂的上等原料。成皂后坚硬，去污力强，但在水中的溶解度及泡沫性较小，和其他油脂混在一起，可以做成质量极好的肥皂。香皂中可用至80%。羊油皂色白，但不及牛油皂细腻，并带有羊骚气。

(2) 猪油：主要成分为棕榈酸酯、豆蔻酸酯、月桂酸酯、油酸酯及少量亚油酸酯。上等猪油一般供食用；较次的猪油是制造香皂的良好原料，成皂后颜色洁白，结晶细腻，泡沫、去污性好，并可增加肥皂的韧性和光泽；低级猪油色泽过深，所含不饱和甘油酯数量大，凝固点低，成皂后不易保存，初则肥皂发黄，继则会冒油汗，较其他不饱和油脂，更不易使肥皂稳定。

(3) 骨油：是从动物骨骼中熬出的油脂，主要成分是硬脂酸酯、油酸酯、棕榈酸酯及亚油酸酯，是一种低级的动物油脂，色泽很差，呈深黄色至棕褐色，且带有不良的气味，用一般碱炼和活性白土脱色的方法不易除去，含蛋白质、杂质较多，易酸败，使用前应精炼，在洗衣皂中可少量配用，一般最大用量为10%，在香皂中不宜配用。

(4) 海产动物油：如鱼油、海猪油、鲸鱼油。带鱼油和鲸鱼油是不饱和的油脂，一般由油酸酯、棕榈酸酯及不饱和酸酯组成。海猪油是一种饱和的油脂，因有腥味，一般不直接作为制皂原料，而是经过氢化，制成硬化油后再应用；亦可经过分解和精馏，消除鱼腥气后，再用在肥皂中。

2) 植物油脂

大多数植物油脂为液体油，所含不饱和脂肪酸较多，按碘值（每100g油脂吸收碘的克数称为碘值，碘值说明油脂的不饱和程度）不同可分为：

(1) 干性油：碘值在130以上，这种油脂易氧化，且发生干燥现象。我国生产的植物干性油有亚麻油、桐油、豆油、梓油、向日葵油和苍耳子油等。在肥皂中用量宜在5%～10%以下，用量过多会使皂质酸败，颜色变深发臭。

(2) 半干性油：碘值为100～130，国内半干性油有棉籽油、菜油、芸芥油和米糠油。常见的有以下两种。

棉籽油是棉籽经压榨或浸出取得的油，经过精炼后用在肥皂中，为黄色或棕色。棉籽油中含有较多的不饱和脂肪酸，成皂后泡沫丰富、持久，易加入填料，生成的皂较稳定。在洗衣皂中可用至30%，是液体油中较好的一种油脂。

菜油是菜籽经压榨或浸出所得的油。主要成分是芥酸酯，即廿二碳烯-［13］-酸酯，此外还有一种带葡萄甙的化合物，即含有氮或硫的酯类碳水化合物。菜油色墨绿，用于制皂，皂化困难，皂色发绿，肥皂热则发软，冻则龟裂，皂胶对无机盐类很敏感，不易加入填料，肥皂泡沫很少，去污力差，透明度大。在制皂中用量不应超过5%。

(3) 不干性油：碘值在100以下，包括液体油和固体脂肪。国产的不干性油有椰子油、柏油、锌油、木油、漆油、花生油、茶油、蓖麻油、樟子油等。

椰子油是由椰子干经压榨而得，为自然界饱和的油脂之一，其饱和脂肪酸甘油酯占80%以上，同时又属于低分子脂肪酸甘油酯，是优良的制皂原料。椰子油易皂化，成皂坚硬洁白，十分稳定，易溶于水，发泡力特别强。成皂时能加入较多量的无机盐填料，在香皂中可用到 10%～25%，用量过高则有刺激皮肤及盐析时不易分离的缺点。如配以高分子和高熔点的油脂可以改善这种情况。

柏油（又称皮油）、梓油（又称子油）、木油，是由乌桕树的果肉取得的油，为我国的特产。柏油含有 70% 以上的饱和甘油酯，大多数属于低分子甘油酯，为制皂较为理想的固体油脂。单独柏油成皂后，质地坚硬，带有脆性，泡沫尚好，但不持久。在肥皂中用量为 55% 以下，在香皂中的用量为 25% 左右。梓油是由乌桕树果肉里的核仁取得的油，不饱和程度大，成皂容易酸败，在洗衣皂中用量不宜超过 5%。木油是由乌桕树的果肉、核仁一起压榨得到的油，凝固点较柏油低，碘值较柏油高，色较差，在肥皂中可用至 20%。

蓖麻油是由蓖麻籽压榨而得，含蓖麻酸酯达 86%，其他成分为油酸酯及亚油酸酯。蓖麻油皂能减少椰子油皂对皮肤的刺激作用，并且可以增加肥皂的光泽。蓖麻油易皂化，成皂易溶于水，但泡沫不多，盐析较困难，在肥皂配方中超过 8% 就会发黏和发软，并有透明现象。如与高熔点油脂配用，能增加肥皂的洗涤能力，同时在皂胶调和时，能增加皂胶与无机盐类的亲和力，故能添加较大量的无机盐类填料。

3）其他油脂和油脂代用品

（1）硬化油：液体油脂加氢后变为固体油脂，称为硬化油或氢化油。硬化油可用来代替固体脂肪。根据凝固点的高低，可分为 38℃、45℃、52℃、57℃、60℃ 和 62℃ 以上极度硬化油等品种。又因为原料不同，分为豆油硬化油、糠油硬化油和菜油硬化油等。高度不饱和甘油酯，经加氢后，未达到完全饱和者，即含有或多或少的异性油酸。异性油酸甘油酯的熔点比亚油酸高，含有多量异性油酸甘油酯的硬化油，生成肥皂后，其脂肪酸的凝固点虽高，但其组织甚软发脆，遇水即膨胀塌陷，并且发黏，致使肥皂的有效作用降低。有时会发生较大的质量问题，如香皂升裂、糊烂等。硬度较高的氢化油制皂时比较稳定。

硬化油因为采用的原油不同，往往一些性质也不一致。例如，豆油硬化油灰白色，带有特殊的硬化油气味，化学成分见表 2.4。

表 2.4 豆油硬化油的化学成分

熔点/℃	碘值	亚油酸/%	油酸/%	异性油酸/%	硬脂酸/%	棕榈酸/%
38	77.0	7.5	38.9	32.2	9.0	12.4
45	60.2	2.6	41.8	23.0	20.3	12.3
57	31.0	0	19.5	17.5	50.7	12.3
60	24.0	0	15.1	13.0	59.6	12.3
67	1.8	0	1.4	0	86.4	12.2

从表 2.4 中可看出，极度硬化油（67℃）其成分多为硬脂酸甘油酯；熔点在 60℃ 以下时，则含有相当多的异性油酸甘油酯。故用于制皂时，宜使用极度或熔点在 60℃ 以上的硬化油，才能确保肥皂的质量。

豆油硬化油是很好的肥皂原料，可以使洗衣皂皂体坚硬，增加耐用度，用量可多至 50%。

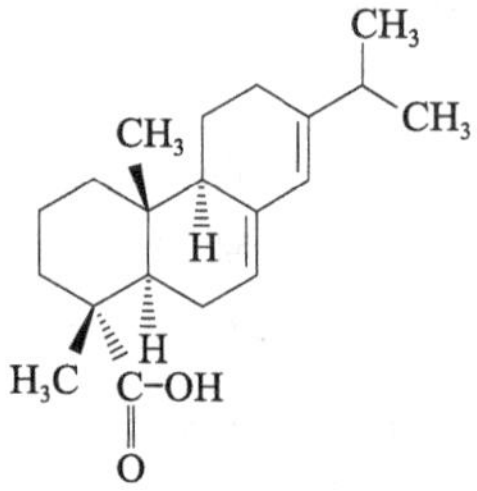

图 2.1 松香酸的结构式

（2）油脂的代用品。

松香：也称松脂或树脂，是松树的分泌液蒸去松节油后的产品，是透明的固体。质硬发脆，主要成分是松香酸 $C_{20}H_{30}O_2$，松香酸的结构式如图 2.1 所示。

松香酸的钠盐极易溶于水，有少量的泡沫，去污力差。一般常用的松香中，除松香酸外，还混有烯萜类（统称松节油）化合物。

纯粹的松香皂，泡沫很少，不仅无洗涤能力，反而使被洗涤物发黏，但在其他油脂适当配合下，所制成的肥皂较不加松香的肥皂有许多优点：增大了肥皂在热水和冷水中的溶解度，减小了皂液的表面张力，因而增加了肥皂的泡沫及去污能力；可防止肥皂的氧化；可防止肥皂的冒霜现象，能加入较多的填料。因松香的价格比油脂便宜，因此在肥皂中可以配至 30%，如超过会使洗涤物发黏，反而影响肥皂的洗涤作用。在香皂中松香不宜多用，但使用 2%～4% 松香时，有防止香皂酸败的功效。除松香外，合成脂肪酸、环烷酸等也可用来代替油脂中的脂肪酸，节约食用油脂。

2. 油脂配方

单一油脂不能做成品质优良的肥皂，所以制皂往往采用混合油脂。优良的肥皂应该是固体与液体油脂配比适宜，软硬适中，组织细致，去污力强，泡沫性大，稳定性好。由于制皂油脂来源常常不能按照自己的要求来选用某一油脂，所以如何使取得的油脂尽可能做成品质优良的肥皂是油脂配方的主要目的。油脂配方的要求如下：油脂原料来源方便，价格低廉；保证达到肥皂的质量要求，如成皂硬度高，色泽、气味、溶解度正常，泡沫丰富，去污力强等；制成的肥皂经济耐用，成本低，储藏时不会变形、变坏；制皂加工过程容易进行，如盐析容易进行，泡花碱易加入，肥皂易成形等。

油脂配方除参考过去配方经验及进行小样实验外，一般根据混合油的脂肪酸凝固点确定，也可参考 I.N.S（皂化值与碘值之差）与 S.R（浓度比）。油脂配方的依据如下。

1）脂肪酸凝固点

目前一般肥皂厂都采用混合油脂的脂肪酸凝固点来制定配方，洗衣皂的脂肪酸凝固点控制在 38～42℃，夏季高些（40～42℃），冬季低些（38～40℃）；香皂的脂肪酸凝固点控制在 37～40.5℃。

混合油脂的脂肪酸凝固点等于配方中各种油脂的脂肪酸凝固点分别乘以用量百分比的总和，近似公式为

$$F = \frac{t_1 c_1 + t_2 c_2 + \cdots + t_m c_m}{100}$$

式中 t_1、t_2、t_m——各种油脂的脂肪酸凝固点；

c_1、c_2、c_m——各油脂的混合油脂中的百分比；

F——混合油脂的脂肪酸凝固点，各种油脂的脂肪酸凝固点一般有经验数据，有时也进行测定。

例 2.1 某厂生产的一种香皂配方中牛羊油用 75%（已知 $t=45$℃）；椰子油 21%

$(t=25℃)$；猪油 4%（$t=36℃$），那么这个配方的脂肪酸凝固点计算为

$$F = \frac{75 \times 45 + 21 \times 25 + 4 \times 36}{100} = 40.44(℃)$$

以上计算方法只能近似表示混合油脂的脂肪酸凝固点。有时计算出的混合油脂的脂肪酸凝固点，并不与实际测定一致，如遇到硬脂酸与棕榈酸混合时，凝固点就会比理论数值低，而遇到棕榈酸与油酸混合时则凝固点会比理论数值高，差值最高可达 8～10。所以在油脂配方时，除用上式计算混合脂肪酸凝固点外，尚需估计该配方中油脂的组成可能造成的脂肪酸凝固点的波动。例如，两种混合脂肪酸凝固点曲线如图 2.2 所示。

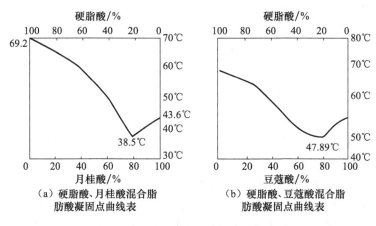

（a）硬脂酸、月桂酸混合脂
肪酸凝固点曲线表

（b）硬脂酸、豆蔻酸混合脂
肪酸凝固点曲线表

图 2.2 两种混合脂肪酸凝固点曲线

2）I. N. S 和 S. R

（1）I. N. S 计算如下：

$$I.N.S = 皂化值 - 碘值$$

I. N. S 与肥皂的硬度有关，I. N. S 越大，越接近固体，硬度越高，溶解度越小，起泡性亦小，保存性越趋稳定。

洗衣皂适用的 I. N. S 为 130～160，香皂则为 160～170。各种油脂的 I. N. S 见表 2.5。

表 2.5 各种油脂的 I. N. S

油品种	I. N. S	油品种	I. N. S	油品种	I. N. S
椰子油	250	骨油	143	棉籽油	85
柏油	165	猪油	127	糠油	90
牛油	150	花生油	102	木油	110
棕榈油	146	豆油	54	松香	50

混合油脂的 I. N. S 是由各种油脂的 I. N. S 按比例计算得到的，其计算公式为

$$I.N.S = \frac{(I.N.S)_1 \times c_1 + (I.N.S)_2 \times c_2 + \cdots + (I.N.S)_m \times c_m}{100}$$

在掺用椰子油的配方中，如果成品不加填充料，则 I.N.S 较凝固点更接近实际。但很多肥皂与 I.N.S 不符，因此 I.N.S 应用范围有局限性，在配方中只能作参考，不能作依据。

（2）S.R 计算如下：

$$S.R = \frac{混合油脂的\ I.N.S}{混合油脂的\ I.N.S\ 在\ 130\ 以上的总和（不包括椰子油）}$$

S.R 表示肥皂的溶解性及起泡性，S.R 越大，肥皂越易溶解，泡沫性越大；S.R 越小，肥皂就越难溶，但椰子油、棕榈油例外。

肥皂适用的 S.R 在 1.5 左右，香皂则为 1.3～1.5。

例 2.2 某厂生产的高级香皂配方中，牛羊油用 80%，椰子油用 20%，则这个配方中的 S.R 计算如下：

$$I.N.S = \frac{80 \times 150 + 20 \times 250}{100} = 120 + 50 = 170$$

$$S.R = \frac{170}{80 \times 150} \approx 1.42$$

符合要求。

油脂的性能随着所含脂肪酸的不同而变化，知道了油脂中有哪些脂肪酸就可以进一步认识油脂的性能。油脂的脂肪酸含量，随生产地区或气候的变化，有一些差别，大致的范围见表 2.6。油脂的重要常数是脂肪酸凝固点、碘值和皂化值。脂肪酸凝固点越高，油脂越硬；碘值越高，油脂中不饱和脂肪酸的不饱和程度也越大；皂化值越高，油脂中脂肪酸的含碳量越小，亦即脂肪酸的分子越小。油脂的物理与化学常数也随着生产地区的不同或气候变化，略有一些差别。常用油脂的物理与化学重要常数见表 2.7。

表 2.6　常用油脂的主要脂肪酸含量

组分	饱和脂肪酸/%				不饱和脂肪酸/%		
油脂	月桂酸	肉豆蔻酸	棕榈酸	硬脂酸	油酸	亚油酸	亚麻酸
牛脂	—	2.0～7.8	24.0～32.5	14.1～28.6	38.4～49.5	0～5.0	—
猪脂	—	1.3	28.3	11.9	40.9	7.1	—
羊脂	—	4.6	24.6	30.5	36.0	4.3	—
椰子油	44～52	13.0～19	7.5～10.5	1.0～3.0	5.0～8.0	1.5～2.5	—
棕榈油	—	1.1～0.5	40.0～46.6	2.6～4.7	39.0～45.0	7.0～11.0	—
亚麻籽油	—	4.0～9.0	4.0～9.0	2.0～8.0	13.0～37.6	4.5～32.1	25.8～58.0
大豆油	0～0.2	0.1～0.4	2.3～10.6	2.4～7.0	23.5～30.8	49.2～51.2	1.9～10.7
桐油	—	—	—	3.4	8.0	10.0	—
棉油	—	—	—	—	15.3～36.0	34.0～54.8	—
米糠油	—	0.4～1.0	13.0～18.0	1.0～3.0	40.0～50.0	29.0～42.0	0.05～1.0
油脂	月桂酸	肉豆蔻酸	棕榈酸	硬脂酸	油酸	亚油酸	亚麻酸
菜籽油	—	1.0～3.0	0.2～3.0	12.0～18.0	12.0～16.0	7.0～9.0	

续表

组分	饱和脂肪酸/%			不饱和脂肪酸/%		
沙丁鱼油	—	5.8	9.7	2.3	—	—	82.2
长须鲸油	—	—	—	25.0	—	—	75.0
橄榄油	—	0.1~1.2	6.9~15.6	1.4~3.3	64.6~84.4	3.9~15.0	—
花生油	—	0.4~0.5	6.0~11.4	2.8~6.3	42.3~61.1	13.0~33.0	—
蓖麻油	—	—	—	2.0~3.0	7.0~9.0	3.0~3.5	—

表 2.7　常用油脂的物理与化学重要常数

油脂 \ 常数	相对密度	脂肪酸凝固点/℃	碘值	皂化值
柏油	0.865~0.891 (60℃)	45~53	18~25	208~219
木油	—	40~44	80~100	202~208
梓油	0.921~0.933 (20℃)	—	145~167	201~208
60℃硬化油	—	58.5	15~30	190~195
椰子油	0.870~0.905 (15.5℃)	23~27.5	6.8~11	245~265
棉籽油	0.910~0.925 (15.5℃)	32~37	102~110	191~196
米糠油	0.914~0.920 (15.5℃)	20~25.2	91~109	183~194
蓖麻油	0.945~0.975 (60℃)	3	83~87	176~186
亚麻油	0.931~0.938 (20℃)	25	170~204	189~196
牛油	0.868~0.917 (50℃)	40~47	35~59	192~200
羊油	0.877~0.915 (50℃)	43~48	33~36	198~212
猪油	0.892~0.931 (50℃)	33~43	45~70	191~194
骨油	—	38	46~56	190~195
带鱼油	0.932~0.935 (20℃)	—	108~125	187~197

（3）皂化值：皂化 1g 油脂所需氢氧化钾的毫克数。皂化值是酯值与酸值的总和。皂化值的高低表示油脂中脂肪酸相对分子质量的大小（即脂肪酸中碳原子的多少）。皂化值越高，说明脂肪酸相对分子质量越小，亲水性较强，易失去油脂的特性；皂化值越低，则脂肪酸相对分子质量越大或含有较多的不皂化物，油脂接近固体。

注：棕榈油型号很多，皂化值差别很大，一般皂用棕榈油的皂化值跟牛油接近。

3. 配方实例

1）肥皂

皂基是生产肥皂的主要原料。除皂基外，肥皂中还添加各种添加剂。表 2.8 为几种肥皂的油脂配方实例。

表 2.8 几种肥皂的油脂配方实例

油脂组成/% 肥皂型号	硬化油	猪油	牛羊油	棉油酸	菜籽油	椰子油或棕榈油	米糠油	棉青油	皂用合成脂肪酸	松香
42 型洗衣皂	33			15		2	20			30
60 型洗衣皂	34	13	2	6	10	5			15	15
65 型洗衣皂	17.5	10.5		3.5	30	7	7	14		10.5

2）香皂

香皂的脂肪酸成分在 75% 以上，不加填料，组织细致，如配方不良，会引起成品皂品质低劣。香皂的脂肪酸成分，可以用硬脂酸和棕榈酸为基础，这两种脂肪酸的比例可以在 1.1～1.3 变动，硬脂酸过多，则肥皂越容易开裂，而棕榈酸过多则肥皂容易糊烂。椰子油用量控制在 15%～25%，高级香皂可在 25% 左右。松香可以不用。普通香皂椰子油可以在 15%～20%，松香可用 2%。椰子油可以减轻肥皂的开裂和糊烂。蓖麻油有缓和椰子油刺激作用，可用至 5%～8%，多用会影响盐析过程。含油酸较多的油脂和猪油、茶油生油可调节肥皂的塑性。除油酸以外的不饱和脂肪酸，有促进酸败作用，应尽量避免。软性油脂不能用量太多，否则碾磨后皂片的硬度不够，使压条时残留在空隙间的气体无法排除，引起肥皂内部夹杂气泡等质量问题。香料的配入一般使香皂增加软性，设计配方时应把这因素考虑进去，除去颜色和气味后能用于制皂中。表 2.9 为几种香皂的油脂配方实例。

表 2.9 几种香皂的油脂配方实例

原料	质量分数/%		
	配方 1	配方 2	配方 3
漂白牛羊油	42	75	70
漂白猪油	35	10	15
漂白硬化猪油	8		
漂白椰子油	15	15	15

此外，肥、香皂中还会有氢氧化钠和氯化钠。

氢氧化钠（又名苛性钠、土碱或烧碱）为制皂的主要原料之一。在一般肥皂中的含量以 Na_2O 计为 6%～8%。通常使用的烧碱分固体和液体两种，固体的含 NaOH 在 95% 以上，液体的在 30%～45%，为了方便起见，常用 g/kg 计算，有时仅测定波美度（°Bé），再查对溶液含量表计算。例如，氢氧化钠 30% 约为 36°Bé；氢氧化钠 40% 约为 44°Bé（20℃）。制皂用的烧碱浓度以 30% 左右为宜。氢氧化钠用于油脂的皂化，其用量可以通过皂化值来进行计算。

氯化钠（食盐）是盐析法制皂的一种辅助材料，它不参加制皂过程的化学反应，仅用于分离皂胶中的甘油、杂质和水分等。制皂时盐析工序排出的废液水，在回收甘油时，同时将盐回收出来，这种盐称为回收盐，可在盐析时重复使用。

（二）辅料

1）硅酸钠

硅酸钠（又名泡花碱或水玻璃，是肥皂的主要填料及助洗剂，主要成分是氧化钠与二氧化硅，化学分子式为 Na_2SiO_3，在实际使用时常以 Na_2O 与 SiO_2 之比为依据，因为它在水溶液中总是一种混合状态。制肥皂用的比例为（1∶2.06）～（1∶2.44），它的碱性较大。制香皂用的比例常为（1∶3.3）～（1∶3.66），是没有碱性的，可以防止香皂的酸败。

泡花碱的浓度亦可用°Bé 来测定，再换算它的浓度，见表2.10。

表 2.10　泡花碱溶液浓度

波美度/°Bé	相对密度	泡花碱（1∶2.44）含量/%
32.2	1.255	28
34.2	1.309	30
36.3	1.334	32
38.4	1.360	34
40.5	1.387	36
42.5	1.415	38
44.7	1.445	40

2）碳酸钠

碳酸钠（又名纯碱或碱粉）是肥皂的填料，由于它的价格较烧碱低，所以常用来代替烧碱，使松香或脂肪酸皂化。商品纯碱含 Na_2CO_3 在95%以上。肥皂中加有适量的 Na_2CO_3（0.5%～1%）能增加肥皂的硬度和洗涤力，同时能增加肥皂的反光能力，消除透明发暗现象及预防肥皂的酸败，但容易引起肥皂粗糙、松软、冒白霜。

3）陶土

陶土的主要成分是硅酸铝，少量陶土填在肥皂中（大约5%）可以改善色泽，同时可改善肥皂的收缩性，但不宜多用。填量过多会使肥皂的组织粗松，使用后水中有白粉和沉淀。粘在衣服上不易漂清，使衣服发硬。

4）钛白粉

白色香皂内可加入钛白粉（二氧化钛）来增加不透明度和白度，油脂配方不同甚至油脂来源不同都会影响皂体色泽，视情况而定，但用量以不超过2%为宜。硬脂酸锌、氧化锌和硫酸钡等，也能增加白度和不透明度，但效果不及二氧化钛。除白色香皂外，有色香皂也可加入微量的二氧化钛，因皂片碾磨后，会发生皂的组织透明，使其颜色发暗，而影响配入的染料的效果。加入二氧化钛可使有色香皂色调鲜明。

5）松香

松香又称为脂松香、无油松香、熟香。其主要成分是树脂酸，有多种同分异构体，化学式为 $C_{19}H_{29}COOH$，微黄色至棕红色，无定形固体，质脆透明，遇热变软发黏；溶于液碱、乙醇、丙酮、苯、松香油和三氯甲烷等有机溶剂。与氢氧化钠、氢氧化钾及碳酸钠等作用生成松香酸盐。松香暴露在空气中易氧化，颜色变为深褐色。加入肥皂中，可以增加泡沫和稳定泡沫，增加溶解度，防止酸败，能使肥皂组织细致，减轻白霜以及起到润滑皮肤的作用，可以降低肥皂的生产成本，并提高硬度。但过量会使肥皂逐渐变色，洗的衣物变黄并有黏手感。

6）滑石粉

滑石粉是水合硅酸镁超细粉，主要成分为含水硅酸镁，经粉碎后，用盐酸处理、水洗、干燥而成。分子式为 $Mg_3[Si_4O_{10}](OH)_2$ 或 $3MgO \cdot 4SiO_2 \cdot H_2O$。滑石属单斜晶系，纯白色，但因含少量的杂质而呈现浅绿色、浅黄色、浅棕色甚至浅红色。滑石具有润滑性、抗黏、助流、耐火性、抗酸性、绝缘性、熔点高、化学性不活泼、遮盖力良好、柔软、光泽好、吸附力强等优良的物理化学特性，滑石的结晶构造是呈层状的，所以具有易分裂成鳞片的趋向和特殊的润滑性。在颜色较深的肥皂中加入滑石粉，会使肥皂反光发白，从而改进肥皂的颜色和硬度。

7）钙皂分散剂（LSDA）

肥皂的最大缺陷是抗硬水性差，而钙皂分散剂可有效解决这一难题。钙皂分散剂是一种表面活性剂，其特点是有庞大的基团，在肥皂中能阻止洗涤时形成钙皂，增加其溶解度，从而提高肥皂的洗涤能力。钙皂分散剂大多数是阴离子表面活性剂和两性离子表面活性剂。添加钙皂分散剂的肥皂称为复合皂。这种肥皂克服了普通肥皂溶解性差和不耐硬水的缺点，在美国、日本的肥皂市场上占有相当大的比例，是一种很有发展前途的产品。

除此之外，有的肥皂中还添加消毒剂、除臭剂和杀菌剂，使肥皂具有治疗及防止疾病的作用。皂类产品常用的辅料还有香精、染料、荧光增白剂以及聚乙二醇等功能性原料。

 思考题

设计配方，要求写出配方中各原料的作用，并计算出配方中混合油脂的凝固点。

★任务 2.2 选择原料制备肥皂小样

【学习目标】

（1）掌握皂化值的概念，并能够运用皂化值计算油脂皂化需要的碱量。

（2）了解肥皂晶型对皂体的影响。

（3）理解肥皂去污原理和去污过程。

【任务分析】

（1）预习皂基制备的生产过程及进一步巩固油脂配方的制定等相关知识。能够掌握油脂的配方原则和皂化时物料消耗的计算方法，并根据所学知识拟定一个皂类产品的配方，且能够根据拟定的配方制定出10g油脂皂化制备样品的实施方案。

（2）通过研讨，最终确定配方和实施方案，然后自己动手制备样品。对制成的样品进行点评比较，提出改进意见并进一步掌握皂用原料的性质，保存好样品以备后续内容的教学。

例 2.3　10g 混合油脂皂化生产皂类小样的油脂配方见表 2.11。

表 2.11　10g 混合油脂皂化生产皂类小样的油脂配方

皂基				辅料		
椰子油	猪油	牛羊油	氢氧化钠	EDTA 二钠	钛白粉	色素
20%	10%	70%	（油脂总量的 14%）	0.10%	0.05	少量

实验步骤：

（1）皂化：在 250mL 圆底烧瓶中，加入 2g 椰子油、1g 猪油、7g 牛羊油、30mL 95% 的酒精、30mL 30% 的 NaOH 溶液，安装回流装置，加热保持微沸 40min。此间如烧瓶内产生大量泡沫，可从冷凝管上口滴加少量 1∶1 的 95% 的乙醇和 40% 的 NaOH 混合液，以防泡沫冲入冷凝管中。

（2）盐析分离：皂化反应结束后，稍冷却，拆除装置。在搅拌下趁热将反应混合液倒入盛有 150mL 饱和氯化钠溶液的烧杯中，静置冷却。

（3）抽滤、干燥、称量：将充分冷却的皂化液倒入布氏漏斗，边减压抽滤边挤压（滤纸用纱布代替），用冷水洗涤沉淀两次并抽干，滤饼取出后自然晾干称量并保存。

注意事项：应严格遵守实验室用电、用火安全事项。

此实验中用到 95% 的乙醇为易燃品，实验过程中尽量避免用明火。

相关知识

（一）皂类的性质

1）结晶性

固态肥皂外观和性能上的差异，可以归因于肥皂晶型的不同。固态肥皂的晶型可以分为 α、β、δ、ω 4 种，它们的性能如下：

（1）α 晶型，一般认为是实际晶格中含有少量水的肥皂相，普通皂中因水分较多，因而实际生产中 α 相几乎不存在。

（2）β 晶型，质较硬，泡沫性大，在水中较易膨胀及软化，溶解度大，当含水皂冷却并搅拌时，即有 β 型晶体生成。

（3）δ 晶型，质地较 β、ω 晶型均软，起泡程度在 β 与 ω 型皂之间，在低温、高水分及高分子皂条件下容易生成。水分含量高的肥皂在冷却、研磨时以及 β 型皂在低温加工时，均生成 δ 型皂。

（4）ω 晶型，质地在 β 与 δ 型皂之间，溶解度小，泡沫性较差。温度高，水分含量低，相对分子质量低时，产生 ω 型皂。

上述 4 种晶型，其中 β、ω 型最常见，而我们希望得到的是 β 型皂。

肥皂的各种晶型，在一定条件下能相互转变。

（1）液晶皂（皂基）如加速冷却可得到 ω 型皂，当水分高、没有搅拌、缓慢冷却

$$\delta \xrightleftharpoons[\text{冷却}]{\text{加热}} \beta \xrightleftharpoons[\text{冷却}]{\text{加热}} \omega$$

图 2.3 晶型相互转变

时可生成 β 型甚至 δ 型皂，如图 2.3 所示。

（2）研磨、压条、混合及其他机械加工：在研磨及压条时，ω 型皂转变为 β 型皂，此时纤维排列得更紧密，光亮也少些，其中研磨的影响较压条的影响大。

2）吸湿性

肥皂为亲水性的物质，其中所包含的羧基、双键及羟基均具有吸湿性。吸水后，肥皂失去了原有的结晶，先成为凝胶体，后成为溶胶体。在干燥空气中，肥皂能失去水分。

肥皂吸水性的大小，取决于碱和脂肪酸的性质，其中钾皂的吸水性较钠皂大。不饱和脂肪酸皂的吸水性较饱和脂肪酸皂大，见表 2.12。

表 2.12 脂肪酸盐的吸水率

脂肪酸盐	硬脂酸钠	硬脂酸钾	油酸钠	油酸钾
吸水率/%	7.5	30	12	16

在生产中往往用过度干燥的皂片与干燥不足较为潮湿的皂片混合，一部分水分就从干燥不足的皂片转入过度干燥的皂片中，从而使整个皂料水分均匀分布。

3）硬度与耐磨度

肥皂的硬度与下列因素有关：水分少，饱和脂肪酸皂含量高，硬度较高，反之硬度就低；钠皂较钾皂硬度高；添加填料硅酸钠及白土，可以增加肥皂的硬度。

4）水解作用

肥皂系强碱和弱酸所生成的盐，在水中水解为游离碱及脂肪酸。碱呈游离态是肥皂呈现碱性反应的先决条件，而酸则在溶液浓度不太稀时才和未水解的肥皂结合生成酸性皂。

水解反应方程式为

$$2RCOONa + H_2O \rule[0.5ex]{1.5em}{0.4pt} NaOH + RCOOH \cdot RCOONa$$

水解后，普通肥皂的 pH 为 11～12，香皂的 pH 大约为 10。

5）黏度

肥皂的黏度与下列因素有关：温度升高，溶液的黏度降低；皂液浓度增加，皂液的黏度就增大；不饱和脂肪酸皂的黏度小于同碳原子数的饱和脂肪酸皂的黏度；黏度随着肥皂相对分子质量的增加而明显的上升。在浓的肥皂中，加入少量电解质，黏度会降低，在油脂皂化过程中，有时会利用这个性质。在皂锅中加入少量食盐，以减低皂液的黏度，增加其流动性；但当皂液达到最低黏度时，再加入少量电解质，皂液黏度就显著升高，并接近于凝结时的黏度；如再加入电解质，在开始凝结前，往往出现极大的黏度，以后黏度就减小。

（二）皂的去污原理

长链脂肪酸钠盐（或钾盐）结构上一头是羧酸离子，具有极性，是亲水的；另一头是链状的烃基，是非极性、憎水的。其分子结构如图 2.4 所示。

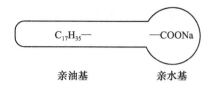

图 2.4 硬脂酸钠亲水亲油基分布图

脂肪酸钠的亲水基团倾向于进入水分子中，而憎水的烃基则被排斥在水的外面，排列在水表面的脂肪酸钠分子削弱了水表面上水分子之间的引力，所以肥皂可以强烈地降低水的表面张力（纯水的表面张力为 $7.3 \times 10^{-4} \, N/cm^2$，而肥皂溶液为 $2.5 \times 10^{-4} \sim 3.0 \times 10^{-4} \, N/cm^2$），它是一种表面活性剂。

若肥皂分子在水溶液中（不在水表面上），则其长链憎水的烃基依靠相互间的范德华引力聚集在一起，似球状。而球状物的表面被亲水基团羧酸离子所占据，与水相连接（这些羧酸离子可以被水溶剂化或和正离子成对）。这样形成的球状物称为胶束。

这样形成的一粒粒很小的胶束，由于外面带有相同的电荷，彼此排斥，使胶束保持着稳定的分散状态。如果遇到衣服上的油迹，胶束的烃基部分即投入油中，羧酸离子部分伸出油的外面而投入水中，这样油就被肥皂分子包围起来，降低了水的表面张力，使油迹较易被润湿，在受到机械摩擦时，脱离附着物，分散成细小的乳浊液（即形成很多细小的油珠受肥皂分子包围而分散的稳定体系）随水漂洗而去。这就是肥皂的去污原理。

肥皂具有优良的洗涤作用，但也有一些缺点，如肥皂不宜在硬水或酸性水中使用。因为在硬水中使用时，能生成不溶于水的脂肪酸钙盐和镁盐，而使肥皂失效。在酸性水中肥皂能游离出难溶于水的脂肪酸，也使其去污能力降低。此外，制造肥皂需要消耗大量的食用油脂。用合成洗涤剂代替它，基本上克服了上述缺点。

（三）皂的去污过程

1）污垢离开织物表面

肥皂溶液具有表面活性，能够降低两相界面上的表面张力。所以肥皂溶液是一种良好的润湿剂，它能深深地透进织物的毛细孔道以及污垢的粒子之间（这些地方单纯的水分子是不能透进的），促使污垢与织物膨胀，这样就使污垢与织物的吸附力松弛而分离。

2）污垢转入皂液中

污垢离开织物表面后，大部分被分割为胶体大小的颗粒，其外层吸附着肥皂胶粒，肥皂分子亲水基朝外，形成亲水层，织物表面同样吸附肥皂胶粒，亲水基也朝外，由于两者相斥，并经摩擦搅拌的机械作用，而转入溶液或泡沫中。

3）污垢胶溶而呈乳状液

污垢质点在皂液中，被肥皂分子与胶粒吸附包围后，散布于水分子中，呈乳化液或悬浊液，当肥皂达到一定浓度时，在污垢表面上吸附的肥皂膜即凝聚成为牢固的、有弹性的膜，如果这层膜的浓度不足，膜就容易破裂，污垢就可能回到织物上去。悬浮在洗涤液中的污垢，当更换洗涤水时就被除去，而附着在织物表面的肥皂分子则在用清水冲洗时除去，如图 2.5 所示。

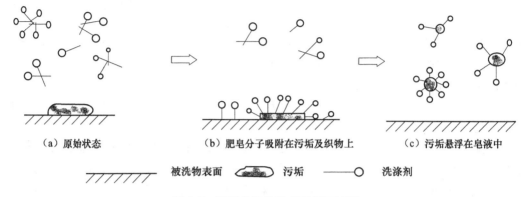

（a）原始状态　　　　　（b）肥皂分子吸附在污垢及织物上　　　（c）污垢悬浮在皂液中

被洗物表面　　　　污垢　　　　洗涤剂

图 2.5　污垢从被洗物表面离开过程

由上可以得出结论：肥皂的去污能力是由两种基本性质决定，一种是皂液的表面活性，使水的表面张力降低，润湿性增高；一种是形成坚固、有弹性的薄膜，使污垢胶溶、乳化而上浮，这种坚固膜的形成，基本上依靠的是肥皂这一胶体电解质溶液中的胶粒。这种膜可以防止污垢的相互黏着而趋于稳定。另外在搅拌或振荡时，肥皂液会产生泡沫，而污垢即黏附在气泡表面而上浮，从而污垢彻底从织物上离开。

（四）肥皂的配方设计

如表 2.13 所示为肥皂的配方指标要求。

表 2.13　肥皂的配方指标要求

脂肪酸/%	游离碱（NaOH）/%	氯化钠（Cl^-）	甘油/%	未皂化物/%	脂肪酸凝固点/℃
60 以上	0.4～0.45	0.25	0.20	0.25 以下	37～43

家用肥皂的脂肪酸含量是否越高越好呢？答案是不一定，也没有必要，因为肥皂中填入一定量的填料，能增加肥皂各方面的性能，同时节约油脂。当然脂肪酸含量过低，也会影响肥皂的质量及其使用效果，并且还将增加包装和运输的负担，也是不经济的。目前市场上供应的肥皂大多数为 53 型。一般 53 型肥皂都用 40°Bé 的 1：2.44（SiO_2：Na_2O）的泡花碱填充。脂肪酸含量低的肥皂，可以用浓度较淡的泡花碱填充。通常泡花碱浓度为 40°Bé，可以根据需要加以调整。配置 1000kg 肥皂所需的皂基和泡花碱量见表 2.14。

表 2.14　配制 1000kg 肥皂所需的皂基和泡花碱量

成品含脂肪酸/%（或肥皂型号）	脂肪酸为 63% 的皂基/kg	泡花碱量		碳酸钠量/kg
		浓度/°Bé	kg	
30	475	12～14	513～519	6～12
35	555	12～14	433～439	6～12
42	668	18～19	322～327	5～10
47	745	18～25	247～251	4～8
53	840	30～40	152～156	4～8

除此之外，也可根据下面的公式计算皂基和泡花碱的用量（以 1000kg 肥皂为计算基础）：

$$皂基的用量 = \frac{肥皂成品脂肪酸含量（\%）}{皂基内脂肪酸含量（\%）}$$

泡花碱的用量 = 1000 - 皂基的用量 - 碳酸钠及其他填料的质量

除泡花碱可作为肥皂的填料外，在肥皂中也可以加入少量碳酸钠（0.5%～3.0%）以使肥皂坚硬，特别当配方中液体油脂较多时加入碳酸钠可以提高肥皂的硬度，以及节约部分固体油脂，但易引起肥皂冒白霜的现象。碳酸钠（纯碱）本身为一弱碱，有一定的去污能力，对防止肥皂的酸败变质颇有功效，并且还能起软化硬水的作用。但碳酸钠不能多加，因其本身具有电介质的作用，多加则使肥皂结晶粗糙、松软。肥皂中脂肪酸的组分不同，对碳酸钠的亲和力也不同，低碳链的脂肪酸对碳酸钠的亲和力大，反之则小。肥皂配方中加入过多的松香，往往会引起皂基冷却成形时粘冷板的现象以及肥皂使用时出现黏附织物、损伤织物纤维的情况。碳酸钠最好先配成 20%～24% 的溶液，如果在配方中同时加入泡花碱，可以将它混在泡花碱溶液中。碳酸钠不宜以粉状加入，否则会在肥皂中结成疙瘩。

（五）复合皂的配方设计

由于肥皂本身在分子结构上属于脂肪酸钠盐，因而它在硬水中能与碱土金属离子生成不溶于水的钙镁皂，在漂洗过程中水解生成酸性皂 $RCOOH \cdot 2RCOONa$。这种含有游离脂肪酸的黏滞性钙皂沉积在植物纤维上，形成结壳后难以除去，并使织物变黄发黑，日久后织物纤维容易脆裂。此外，肥皂在冷水中难溶解，对机械洗涤的适应性较差。尽管如此，肥皂亦有合成洗涤剂所不及的优点，如生物降解完全，环境污染少，生态安全。因此，如果将肥皂的结构所带来的缺点加以改变，它仍为洗涤性能优良的洗涤用品。

改变疏水基与亲水基的结构能有效地改善肥皂的性能，但工艺复杂，成本增加，并失去传统的肥皂感觉，效果显著的改性方法是采取复合技术，即在肥皂中添加少量钙皂分散剂，使肥皂分子和钙分散剂分子在溶液中形成混合胶束，从而防止皂垢的生成。这种添加了少量钙皂分散剂的肥皂，称为复合皂。复合皂配方示例见表 2.15。

表 2.15 复合皂配方示例 单位：%（质量分数）

原料 配方	皂基（脂肪酸计）	油酰基甲基牛磺酸钠	三聚磷酸钠	碳酸钠	水玻璃	CMC	芒硝	水
配方 1	23.0	4.5	30.0	20.6	8.0	2.0	—	10.0
配方 2	65.0	4.5	35	20	8.0	2.0	4.3	10.0

（六）香皂的配方设计

普通香皂配方、复合香皂配方示例见表 2.16。

表 2.16　香皂配方示例

普通香皂配方				复合香皂配方			
原料	质量分数/%	原料	质量分数/%	原料	质量分数/%	原料	质量分数/%
皂基	85	二氧化钛	0.5	钠皂基	27.5	二氧化钛	1
防腐剂	0.15	氯化钠或氯化钾	0.6	十二烷基硫酸钠	20	十二醇	5
螯合剂	0.15	香精	0.8～1.0	磺基琥珀酸单烷基钠	17	EDTA	0.2
抗氧化剂	0.02	去离子水	12～13	十六醇	10	香精	0.3
				玉米淀粉	15	水	4

（七）透明肥皂的配方设计

透明肥皂（研压法）的配方示例见表 2.17。

表 2.17　透明肥皂的配方示例　　　　单位：%（质量分数）

原料	钠皂基	EDTA 二钠	H501	香精	皂黄	BHT	水
质量分数	97.2	0.1	0.2	0.5	0.0003	0.02	余量

（八）透明香皂的配方设计

透明香皂（加入物法）的配方示例见表 2.18 和表 2.19。

表 2.18　透明香皂的配方示例　　　　单位：%（质量分数）

原料	硬脂酸	甘油	表面活性剂	NaOH（30%）	溶剂	冰糖	香精	防腐剂	抗氧剂	水
质量分数	30	6	15	17	22	3	1	适量	适量	余量

表 2.19　生产 1000kg 透明香皂的配方示例

原料	配方 1	配方 2	配方 3	配方 4	配方 5
牛羊油	100	80	40	50	52
椰子油	100	100	40	60	65
蓖麻油	80	80	40	58	13
氢氧化钠溶液（相对密度 1.357）	161	133	60	84	60～65
酒精	50	30	40	30	52～55
甘油	25		20		
糖	80	90	55	35	39
溶解糖的水	80	80	45	35	

思考题

（1）简述肥、香皂的配方原则。

（2）简述研压法制肥、香皂的配方原则。

(3) 制备小样的过程中，为什么要加入酒精？加入氢氧化钠的量是如何确定的？

(4) 试评价一下自己的产品，并从外观和手感上与其他同学的产品进行比较，从配方和制备过程中分析原因。

 任务 2.3 认识皂类生产设备

【学习目标】

(1) 了解皂类产品生产所用的主要设备。

(2) 了解皂类生产工艺流程，并能够根据皂的生产品种和实际情况编制生产工艺流程图。

【任务分析】

(1) 预习皂类产品生产过程所需设备的相关知识。

(2) 通过查阅资料，熟悉生产过程中主要的生产设备。

相关知识

一条完整的肥皂生产线从源头开始，应包括油脂的精炼、皂基的制备以及肥皂的生产三个步骤。每个步骤中，需用到不同的储罐和设备。由于目前皂粒已进行规模化生产，很多中小生产厂家已不在自制皂粒，因此，下面对油脂的精炼和皂基的生产中涉及的设备只进行简要介绍，重点介绍从皂粒开始生产不同种类肥皂的设备。

（一）油脂精炼设备

1) 脱色锅

如图 2.6 所示脱色锅（干燥锅）属间隙式炼油配套设备，用于多种油脂的真空脱色、干燥。其主体是由椭圆形封头和 90°锥形底的密闭圆柱体组成的。锅内有搅拌装置，在搅拌轴上装有 3 对桨叶式搅拌翅，另外还有加热蛇管。顶端采用摆线针轮减速机来调节搅拌轴转速，使运转平稳；上封头上装有抽真空管、放空管、视灯、视镜、人孔，简体上装有温度计和蒸汽进口管、进油管，下端有冷凝水出口管、出油管等。

2) 脱臭锅

如图 2.7 所示脱臭锅主体为采用椭圆形上下封头密闭的圆柱体。锅内设有两排蛇管，用来通蒸汽加热油脂或通冷水冷却油脂；锅顶盖上有汽包，以保持一定的汽化空间；照明灯、视镜可供观察；锅顶部有泡沫挡板，以减少油脂飞溅损失；锅下部装置有开有很多小孔的直接蒸汽管等。

3) 炼油锅

如图 2.8 所示炼油锅属于间歇式炼油配套设备，用于多种油脂的水化、碱炼、水洗等。该炼油锅采用双速电动机及摆线针轮减速机调节搅拌轴转速。在搅拌轴上装有三对桨叶式搅拌翅，搅拌轴下端是一对 90°的搅拌翅。

图 2.6　脱色锅

图 2.7　脱臭锅

图 2.8　碱炼锅

（二）生产皂基的设备

1）皂化锅

如图 2.9 所示皂化锅的结构较为简单，其底部装有 3 个孔的蒸汽管，供应直接蒸汽（也有用间接蒸汽的），3 个蒸汽管各有一个控制阀门。蒸汽管位于皂化锅底的上方约 5cm 处。中心蒸汽管在锅底中心，蒸汽管上开孔的大小很重要，一般直径为 4mm 较为合适，孔眼的位置要使喷出的蒸汽不直接喷到锅底或锅壁上，否则它将成为小零点反射回来，不易上升到皂料表面，这样的小蒸汽泡对于皂脚的静置是有影响的。如果要使翻料均匀，静置适当，蒸汽管的安装要注意，一般孔眼交叉地搁在蒸汽管的左右方，并稍向下倾斜。直接蒸汽管在煮皂时起加热及搅拌使用，蒸汽压力一般为 $3.5 \sim 4.0 \mathrm{kg/cm^2}$。

煮皂锅有两个出口，一个在锅底，作出废液之用；另一个是在距锅顶 2/3 处装设的一根虹吸摇头管，连接输皂泵，可以吸出皂基。锅壁外面用石棉保温，以防止热的散失。

煮皂锅上附有油、碱液、废液的管路及蒸汽阀门、标尺等附件。在输皂管上设有一套专用的蒸汽吹洗器，用蒸汽来冲洗输皂后的输皂管、过滤器及泵，以防止肥皂凝固而堵塞管道。

2）调和缸

如图 2.10 所示为强力涡流式调和缸，配有双头特殊螺杆，在涡流发生管内旋转，使缸体内的皂基和工艺辅料产生强力涡流而进行调和，使干燥后的皂粒更均匀。其内部如图 2.11 和图 2.12 所示。

图 2.9　皂化锅

图 2.10　调和缸

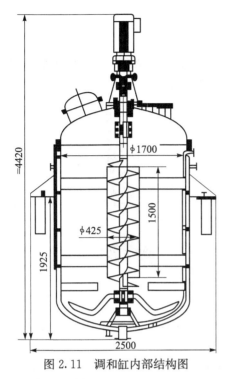

图 2.11　调和缸内部结构图

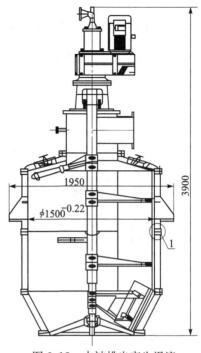

图 2.12　水被排出产生涡流

3）真空干燥室

图 2.13 为真空干燥室的内部结构图；真空干燥室内的上、中、下刮刀如图 2.14 所示；真空干燥室外观如图 2.15 所示。其具体工作方法将在生产工艺部分介绍。

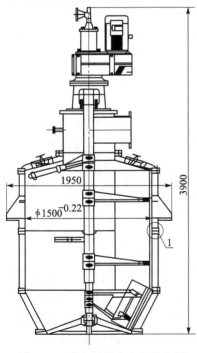

图 2.13　真空干燥室内部结构图

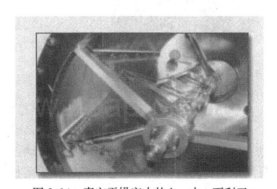

图 2.14　真空干燥室内的上、中、下刮刀

（三）由皂片或皂粒生产皂的设备

（1）出粒机：出粒机通常有两种，双螺杆双联和双螺杆单联，主要用途是使干燥后的皂粒更紧密、细腻。如图 2.16 所示为双螺杆双联出粒机。

图 2.15　真空干燥室外观　　　　图 2.16　双螺杆双联出粒机

（2）混合机（搅拌机）：利用不同搅拌速度的搅拌轴，使香料等添加物充分、均匀地加入到皂体内。

（3）研磨机：三辊研磨机主要用于混合、研细正常温度的颗粒状香皂原料，通过水平方向排列的 3 根辊筒的表面相互挤扎，以及不同速度的摩擦而达到研磨作用。研磨物料一般只要研磨 2 次就可以达到要求，加工细度一般为 $3\sim18\mu m$（用细度板测量）。如图 2.17 所示为三辊研磨机。

（4）出条机：如图 2.18 所示出条机为真空双联出条机，采用全磨硬齿面专用减速机，结构合理、紧凑，具有耐磨损、噪声小、寿命长等特点。外筒有冷却夹套，控制部分采用变频或电磁调速，能生产多种脂肪酸含量的香皂、透明皂。

图 2.17　三辊研磨机　　　　　　图 2.18　出条机

（5）打印机：如图 2.19 所示为香皂打印机，其集电控、机械、润滑、模具于一体。

皂化好的皂基由皂化锅导入调和锅，然后经真空闪急冷却器（与真空干燥室类似）进入压条车，然后切块滚印。其中，劳动强度最大的冷板车，很多厂已改为真空冷却；打印采用自动打印机。肥皂生产过程从调和、冷凝、切块、烘干、打印等属物理化学及机械加工过程，本身几乎没有变化。

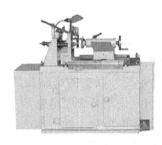

图 2.19　香皂打印机

 思考题 ▪

（1）桨叶式搅拌有哪些优缺点？

（2）真空干燥室的主要用途是什么？在肥、香皂生产中其应用有什么不同？

（3）由皂粒直接生产香皂，需要哪些关键设备？

★任务 *2.4* 生产工艺流程图的编制

【学习目标】

（1）掌握肥皂生产工艺并能够根据要求编制生产工艺流程图。

（2）掌握香皂生产工艺并能够根据要求编制生产工艺流程图。

【任务分析】

（1）预习在皂类产品中不同的生产过程所需工艺的相关知识。

（2）能够根据不同产品的生产编制生产工艺流程图。

· · ·

 相关知识 ▪

（一）肥皂生产工艺

肥皂即洗衣皂，我国目前生产的肥皂，由于脂肪酸含量不同，以及外观有不透明的和透明的等区别，其生产途径可分为下列 3 种：填充肥皂，以泡花碱作填充剂，脂肪酸含量低于皂基；纯皂基肥皂，不加填充，纯皂基所制；高脂肪酸肥皂，皂基经过干燥，脂肪酸含量高于皂基。

肥皂按其加工设备不同，主要可分为以下几种：

（1）冷框皂：俗称冷桶皂，这种皂的加工设备简单且易于投入生产，但劳动强度大，返工皂多，质量不易保证，成皂干后歪斜变形严重，国内正规制皂厂已不用这种加工设备。

(2) 冷板车皂：这种皂的生产劳动强度比冷框生产方法有所降低，但与其他方式相比，依然很大。成皂较坚硬，着水不易裂糊，但泡沫较差，干后也容易收缩变形。

(3) 香皂工艺的研压皂：一般制 72% 及 72% 以上的高脂肪酸肥皂，皂基需先经烘干，所用的设备即一般的香皂加工设备，国内一些高级肥皂生产厂家用此工艺生产。

(4) 真空干燥冷却皂：国内已有很多工厂用真空干燥冷却法生产填充肥皂、纯皂基肥皂及高脂肪酸肥皂。这种真空干燥冷却法劳动强度低，可以使整个生产过程连续化。成皂起泡迅速，泡沫丰富，干后不歪斜变形，但在水中浸泡后易于裂糊，其性能与香皂相近。

下面对目前国内比较常见的冷板车生产工艺及真空冷却生产工艺进行比较详细的介绍。

1. 冷板车生产工艺

冷板车生产工艺用于生产填充肥皂及不加填充料的纯皂基肥皂。冷板车生产工艺流程如图 2.20 所示。

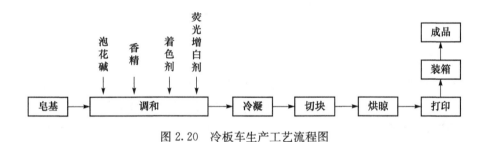

图 2.20　冷板车生产工艺流程图

(1) 调和用的设备即为调缸，是钢制可封闭的夹层圆锅，内有桨式或套筒式搅拌器。一般桨式搅拌器的转速为 30～40r/min；套筒式搅拌器转速较快，为 80r/min 左右。夹层中通以热水或蒸汽保温。调缸的容量视冷板车的容量而定，以比冷板车的容量大 1/3～1/2 为宜。煮皂工段整理静置好的皂基，脂肪酸含量在 60% 以上，欲制低于 60% 脂肪酸含量的肥皂，需加填充料。少量的填充料可用盐水，如纯皂基的肥皂可用少量的盐水填充，以调节脂肪酸规格，但大量的填充料则很少用盐水，这是因为盐水填充后，肥皂为软料，收缩严重，天气潮湿时会使肥皂表面出汗。目前广泛采用泡花碱作为肥皂的填充料，其氧化钠与二氧化硅的比例一般是 1：2.4。纯皂基的肥皂虽不加泡花碱作为填充，但亦加入少量（0.5%～1%）泡花碱以防止肥皂在放置过程中酸败。填充量的计算如下：

$$填充量 = 总量 - \frac{总量 \times 成皂脂肪酸含量(\%)}{皂基脂肪酸含量(\%)}$$

优质肥皂中需加入一些香精及荧光增白剂。一般香精的加入量为 0.3%～0.5%，荧光增白剂的加入量为 0.03%～0.2%。有些肥皂还加入着色剂，所加着色剂以黄色为多，也有加蓝色的。

肥皂在调缸中保持 70~80℃，调和时间为 15~20min。调和完毕，关闭调缸，打开进冷板车的阀门，通入压缩空气把肥皂压进冷板车。调缸中的压力控制在 0.15~0.20MPa，维持 25min 左右，这样可以使冷凝后的皂片不致因收缩而有空头或瘪膛。然后关掉肥皂进冷板车的阀门，放去调缸中的压缩空气，再进行下一次操作。

生产过程中所产生的废品及边皮约有 10%，可直接加入调缸中，也可卸入一只开口锅中用直接蒸汽熔化后，再加入调缸。这样用直接蒸汽熔化的重熔皂，脂肪酸含量较成皂低，由于加入重熔皂会带进水分，因此必须在填充量中扣除，否则成皂中水分太多，影响硬度。也有用闭口蒸汽来熔化返工肥皂的，这样就没有用直接蒸汽熔化时水分增加的问题。

(2) 冷凝肥皂的冷凝是在冷板车中进行的。冷板车是由一台电动机驱动开关的，每台冷板车有木框 60~65 只，冷板比木框多一块，在冷板车上第一块放冷板，以后木框和冷板相间而列，最后一块仍为冷板。冷板中有一条条横的隔板，使冷却水由下呈 S 形弯曲而上。冷板的底部有一个孔，与冷板车的进皂阀门相通，肥皂由此孔通过冷板而进入各只木框。冷板的表面需光洁，且不易受蚀。冷板车的木框（俗称"门子"）是冷凝肥皂的模框，肥皂通过冷板底部的进皂孔，由下而上垫满木框，木框的上边有一条狭缝，当肥皂进入木框时，空气从这条缝中及时排出。木框一般用质地坚韧而不易变形的木材制成。木框的外面四边用"T"形钢做框，以保证木框能耐 0.2MPa 的操作压力；木框的里面四边衬有厚度为 3mm 左右的黄铜板，以使冷凝后的皂片易于脱出，而不致黏附在木框上。木框的内径及厚度根据肥皂质量规格而确定，一般厚度在 32~37mm，每片肥皂质量在 22~24kg。

厚度为 33mm 左右的木框，一般肥皂的冷凝时间为 45~50min，这与冷却水的温度、调缸中肥皂的温度以及肥皂的凝固点等有关。冷却水一般保持在 20℃ 以下较为适宜，天热季节，自来水的温度超过 30℃，则肥皂的冷凝时间需要延长或提高肥皂的凝固点（即肥皂的硬度），因此有的制皂厂在天热季节用深井水。

取出木框中的皂片。卸出的皂片堆放在小车上，一般堆放的高度为 20~22 片，再送到切块机上进行切割。冷板进皂孔中的肥皂每次需要挖空。整个卸皂时间（包括冷板车的开和关）约为 10min。冷板车的生产操作周期一般为 1h。

(3) 切块、烘晾和打印。由冷板车上取出的大块皂片，先在电动切块机上裁切成连皂。每次平放皂片 2 块，纵横切成一定尺寸的连状，随即通过翻皂机，把平放的连皂翻转 90°直立于卧式烘房的帘子上。帘子不停的运转，把肥皂带到卧式烘房的尽头，再用人工把肥皂放到打印机的输送带上，进行打印。

打印机都是机动的，打印速度为 100~120 块/min。有些厂在印模的字迹、图案上钻一些 1~1.5mm 的小孔，背面再把这些小孔连成一个通道，以使打印时印框中的空气及时排除，保证肥皂的印迹清晰。

(4) 装箱。打好印的肥皂，随即装入箱中。皂箱分为 30 块连装的纸箱和 60 块连装的木箱两种。每箱皂重随产品品种不同而异，一般纸箱装皂 9~10kg，木箱装皂 18~20kg。

2. 真空冷却生产工艺

真空冷却生产工艺生产肥皂是目前比较大的肥皂工厂广为采用的方法，可使肥皂生产实现连续化。真空冷却生产工艺流程如图 2.21 所示。

1）配料

在真空冷却生产工艺流程中有两只调缸，一只用于配料，另一只用于中间储存。配料调节缸及中间调缸都是钢制敞口的夹层圆锅，内有桨式搅拌器，转速一般为 30～35r/min，夹层中通蒸汽以保温。配料调缸的容量，以相当于真空冷却设备 1～2h 的产量为宜。中间调缸的容量尚需比配料调缸稍大，以能在缸料未用尽时，打入配料调缸中的一缸料。配料调缸需配一翻皂斗，可把生产过程中的返工肥皂倒在其中，再由电动机牵引的钢丝绳把翻皂斗提升到调缸口，把肥皂倒入调缸中，皂用酸及其他脂肪酸的皂化也在调缸中进行。

真空冷却设备生产肥皂，都用 1∶2.4 的泡花碱作填充，一般在填充中不加水稀释，因加水后会使成皂软烂，也由于这个原因，生产过程中的返工肥皂都直接加入调缸中而不用直接蒸汽熔成重熔皂后加入。

根据调缸中肥皂温度及真空冷却室中真空度的条件，肥皂在真空冷却室中冷凝的同时，有 3%～5% 的水分蒸发掉，因此欲生产含 53% 脂肪酸的洗衣皂，在调缸中肥皂脂肪酸含量应配成 49% 左右（以蒸发掉 4% 水分计算）。

真空冷却设备所生产出的肥皂略带透明，而肥皂所用油脂的色泽不可能很好，使肥皂显得深暗，因此加入 0.10%～0.2% 的钛白粉，以减少肥皂的透明度，增加白度。

在配料调缸中皂用酸等脂肪酸与液碱先行皂化，再依次加入皂基、返工皂、泡花碱及钛白粉等，钛白粉先用水调成均匀的悬浮液后加入。为了缩短配料的时间，在皂化皂用酸的同时，加入皂基及卸入返工皂，这样皂基量就按皂用酸、皂基及返工皂三者的总量计。

每次配料完毕，化验一次脂肪酸及游离碱含量（游离氢氧化钠不超过 0.25%，以保证成皂游离氢氧化钠含量不超过 0.30%），符合要求后，可准备输出。

调缸中肥皂的温度在 70～95℃，通过过滤器（滤孔一般为 ϕ6mm）及皂泵，输入到中间调缸中，再由皂泵（一般此处所用的皂泵为齿轮泵，装有回流旋塞可调节流量，也可用变速电动机调节泵的转速）把肥皂输进真空冷却室的空心转轴。

2）真空冷却

在真空冷却室中维持一定的真空度，肥皂进入真空冷却室后进行绝热蒸发，由于肥皂带入的热量可以蒸发其自身水分，使其冷却至该真空度时相应的水的沸点。由于肥皂的温度大大地超过了水的沸点，因此就有一定量的水分马上被蒸发出，使肥皂的温度冷却到水的沸点温度，所以用这个工艺生产肥皂，在真空冷却室中干燥与冷却是同时发生的。利用这个原理，也可以用于香皂皂基的干燥。生产不同脂肪酸含量的肥皂所需的绝对压力见表 2.20。

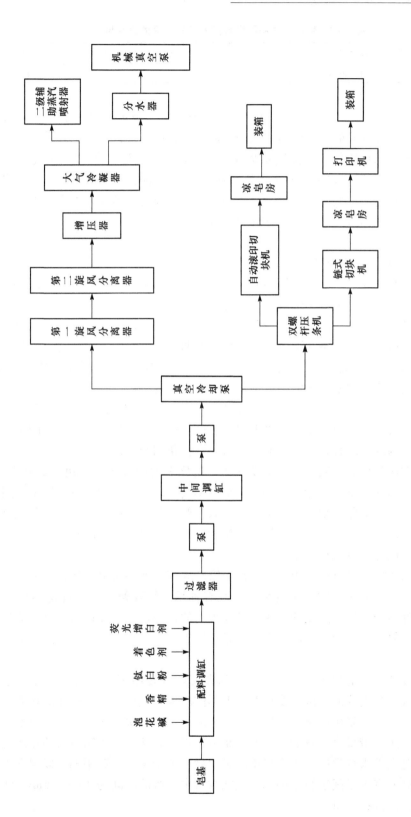

图 2.21 真空冷却生产工艺流程

表 2.20　生产不同脂肪酸含量的肥皂所需的真空度

肥皂脂肪酸含量/%	53～56	60～65	72 左右
绝对压力/mmHg	15～35	25～45	40～50

注：1mmHg＝133.322Pa。

生产脂肪酸含量为 65% 以下的肥皂，真空系统需由三级蒸汽喷射器（即一只增压器及一套二级辅助蒸汽喷射器）或由一只增压器及一台往复式机械真空泵维持。

与真空冷却室配套的是带夹套的双螺杆压条机，夹套内通 20℃ 以下的冷水。一般脂肪酸含量在 65% 及 65% 以下的肥皂不宜多压，否则肥皂越研压越软烂，因此用真空冷却设备生产洗衣皂，一次压条即可，且压条机的出条越畅快越好，如在压条机中多翻研，也会使成皂变得软烂，因此压条机中所用的多孔挡板孔径也较大，为 φ20mm 左右。

3）切块、烘晾、打印及装箱

压条机压出的连续皂条，可采用不同的切块和打印方式。较简单的是采用滚印机，使皂条两面压出商标及厂名等字迹及图案，这种滚印机非常简单，辊筒直径仅为 30mm 左右，由皂条带动。当皂条碰到一只铰链开关，利用电磁吸铁牵引通过帆布运输带送入烘房。由于钢丝切割时，皂条在继续运动，切割的两端有一斜面，因此在出烘房后，再有一台切块机切去两端的斜面，并把三连一长条切成三连。这样滚印与切块不是同步的，因此皂面上字迹及图案不太完整，但总有一个完整的字迹及图案。当压条机产量较大时，由于出条速度太快，铰链开关一起打开，电磁吸铁不能工作，因此切不出条，在此情况下，压条机宜用双口出条，以降低出条速度，保证长条切块机能很好的工作。为了与压条机压出的双条配合，需采用双滚印机及双长条切块机。

有些皂厂在压条机后安装自动滚印切块机，这比上述的滚印、切块方式进了一步，皂面上的字迹、图案完整，接近于打印的肥皂，不会出现不完整的字迹及图案，因此有很多厂家采用。自动滚印切块机上有上、下两只辊筒，分别刻商标及厂名，并配有一对齿轮，使两只辊筒同步。为了使它与肥皂的接触性好，能得到较大的转矩，辊筒的直径需选得大些，一般为 ϕ300mm 左右。

自动滚印切块机上另有切皂辊筒，辊筒上沿圆周等距地装有钢丝架，在钢丝架间紧着钢丝，以此来切割皂条，钢丝架的另一端装有轴承，靠弹簧压紧在固定不动的凸轮上。在切皂过程中钢丝架靠凸轮的作用和切皂辊筒的转动，来保证切口平直。这种自动滚印切块机不需要动力驱动，滚印辊筒由压条机压出的皂条带动，再通过链条来带动切皂辊筒。

真空冷却设备压出的皂条，表面较黏，随即打印或装箱都不适宜，因此需进行烘晾。烘房有卧式的和立式的，卧式烘房基本上同前冷板车生产工艺中所述的相似，但进皂机构较为复杂，目前采用的是自切块机中切出的一排排皂块，靠运输带的速度使皂块跳至另一根与此运输带垂直放置的横着的帆布运输带上，到皂块布满烘房的宽度时，由一个大推板将肥皂推入烘房中。当肥皂推入烘房后，帘子走动一定距离，以保证下一排肥皂的推入，因此帘子是间歇行走的。肥皂在烘房中停留的时间为 15～20min，然后在烘房尽头装箱或进入打印机。

烘房一般分为两段。前半段鼓入热空气，对肥皂表面进行干燥；后半段鼓入冷空气，对干燥后的肥皂再行冷却。但是，现在有很多肥皂厂烘房只吹冷风，不加热。

打印及装箱的情况基本上与冷板车生产工艺中所述的相似，但真空冷却工艺所生产的肥皂大多采用滚印。

（二）香皂生产工艺

香皂的生产都采用研压工艺，其工艺流程如图 2.22 所示。

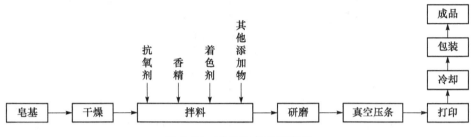

图 2.22　香皂生产工艺流程

1. 干燥

由皂锅或连续煮皂设备所生产的皂基，其脂肪酸含量为 62%～63%，相应的水分含量为 30%～32%，因此欲制造脂肪酸含量为 80% 的香皂，首先必须对皂基进行干燥。目前国内有热空气干燥、真空干燥、常压干燥 3 种方法。

1）热空气干燥

这种干燥设备也称帘式烘房，但由于其产量低、热耗量大以及干燥后的皂片干湿不匀，因此今后将逐渐被淘汰。

在干燥之前，首先把热的皂基冷却制成皂片，一般用冷却辊筒，这一装置有上、下两只相对旋转的辊筒，下面一只较大，为冷辊筒，中间通冷水，温度以不高于 25℃ 为宜，把皂基冷却凝固在它的表面，再用铲刀把肥皂铲成皂片；上面一只较小，为热辊筒，中间通热水或蒸汽，它的作用是使皂基能均布于下面的冷辊筒上。在两只辊筒间装一料斗，储有一定量的皂基，以使皂基供料不致间断，大、小辊筒间的距离可以调节，一般控制皂片的厚度在 0.5mm 左右。

从冷辊筒上铲下的皂片，由倾斜的传送器连续地送至烘房中的帘子上。烘房四壁及顶都用木板制成，内有 3～6 层帘子。帘子一般用镀锌铁丝制成，有的厂为避免断下的短铁丝混入皂片中而改用尼龙丝制作，空气由鼓风机抽入 S 形铜制散热排管而加热，从帘子的下面向上吹，对皂片进行干燥，在烘房的顶上另有鼓风机，把带有水分的热空气抽出，在最后一层帘子的尽头，有一螺旋输送器将干燥后的皂片输出。这种干燥设备的产量较低，一般每小时仅能干燥 200～400kg 皂片，最高的也不过只有 500～750kg 皂片，在烘房中的停留时间为 12～20min。烘房中间的空气温度为 60～70℃；干燥后皂片的温度为 45～50℃；制造脂肪酸含量为 80% 的香皂，干燥后皂片的水分含量控制在 10.5%～12.5%。

2) 真空干燥

目前一些规模较大的工业肥皂厂已采用真空干燥法进行皂片干燥，其工艺流程如图 2.23 所示。

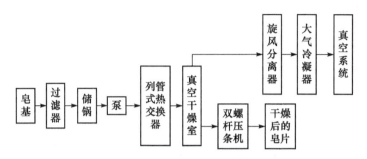

图 2.23　真空干燥工艺流程

这一工艺原理与真空冷却生产肥皂一样。肥皂在真空下，干燥与冷却是同时完成的，不过在此主要是进行干燥。单靠皂基带入的热量不足以将其干燥到所要求的水分含量，因此需在皂基进入真空干燥室前先通过热交换器进行加热。

通过过滤的皂基放入储锅，由泵输经一只或两只列管式热交换器，加热到 160～170℃。出热交换器的肥皂进入真空干燥室的空心转轴，通过装于转轴上的喷头，把肥皂喷在真空干燥室的内壁上，由安装在同一根空心转轴上的刮刀（在喷头前），把干燥冷凝在内壁上的肥皂刮下，落入连接在真空干燥室下面的一台双螺杆压条机中，一般压挤成直径为 10mm 左右的圆条，再由压条机螺杆带动的旋转刮刀把压出的圆条切成 20～30mm 长的短条，输入储斗供拌料用。

目前所用的真空干燥室的结构与肥皂真空冷却室相同。真空干燥室中喷头的孔径为 8～14mm，由产量高低而定。刮刀一般用弹簧钢带或 45 号钢板制成，且不开口，为避免刮刀与干燥室壁刮出的铁屑落入皂中，因此有用特殊的 3mm 厚的纸质层压板来做刮刀的。真空干燥室中的真空较生产肥皂时为低，因此无需用三级蒸汽喷射器，用二级辅助蒸汽喷射器或一台机械真空泵即可。压条机压出的干燥后的肥皂的水分为 10.5％～12.5％，温度一般为 50～55℃，压条机的冷却段中需通以温度不高于 25℃ 的冷却水。

真空干燥室中蒸发出的水蒸气，由机械真空泵或二级辅助蒸汽喷射器抽出。由于真空干燥的肥皂不与空气接触，皂基中所含的游离碱不会像热空气干燥时那样，被空气中的二氧化碳转化成碳酸钠，因此真空干燥所得的皂片，其游离碱含量大大高于热空气干燥所得。如果将这些游离碱含量很高的皂片随即进行拌料，则对香皂的香气及色泽都有影响，对此解决的途径有两个：第一是在煮皂过程中尽量降低皂基的游离碱含量，国外很多厂采用这种方法，皂基的游离氢氧化钠含量在 0.05％ 以下，氯根含量在 0.25％～0.31％，但有时如皂脚分离不净，可能使氯含量更高，则给香皂的加工带来困难；第二是在皂基中加入一定量的硬脂酸或椰子油酸，以中和掉皂基中的一部分游离碱，一般加硬脂酸的较多，这个方法对质量易于保证，降低了肥皂中的总碱量（包括游离氢氧化钠及碳酸钠），但皂基的储锅需带有搅拌器，并需有加硬脂酸的定量装置。硬脂酸在拌料时加到固体的皂片中是有问题的，因为虽然加入的硬脂酸为热的液体，但冷却后仍会结硬，经研磨粉碎成很小的硬颗粒，在洗用时可非常明显地感觉到。

3）常压干燥

其设备比真空干燥简单，投资省，建造快；操作简便，无需控制真空度，调换品种方便；消除了令人讨厌的皂粉问题，杜绝了浪费，改善了操作条件，无需因设备被皂粉阻塞而停产进行清理；占地面积小，水、电、蒸汽的耗量少等，因此很有发展前途。其工艺流程如图 2.24 所示。

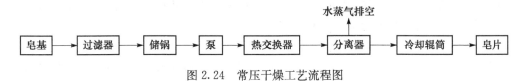

图 2.24　常压干燥工艺流程图

常压干燥在分离器前的工艺流程与真空干燥相仿。热交换器用板式的或列管式的，有时一只尚达不到干燥的要求，则两只串联起来。皂基在热交换器中受热而不断蒸发水分，最后以切线方向喷入分离器中再进一步进行急骤蒸发，以达到所要求的水分含量，然后落至分离器下面的冷却辊筒上。冷后由铲刀铲得皂片。

冷却辊筒有大、小两只，大辊筒中通冷水，其直径较大，以保证肥皂的冷却；小辊筒中通热水或蒸汽，使肥皂能均布于冷的大辊筒上。由分离器中分出的蒸汽直接排至屋外。分离器用蒸汽保温，以免其中分离出的水蒸气再凝结落下。

常压干燥时，肥皂同空气接触的时间极短，因此干燥后的皂片的游离碱含量也较高，其解决方法与前述真空干燥一样。

为了更均匀地控制干燥后皂片的水分，有采取两次常压干燥的，第一次干燥到脂肪酸含量为 72% 左右，不进行冷却，再由一台泵输进热交换器中进行第二次干燥，这样第二台输皂泵需能输送黏稠的、脂肪酸含量为 72% 左右的肥皂。

也有常压干燥与真空干燥结合起来的干燥流程，皂基先进行常压干燥，干燥到脂肪酸含量为 72% 左右，不进行冷却，再由一台泵输经热交换器加热后，进入真空干燥室进行第二次干燥，但这样使干燥的设备更加复杂。

2. 拌料

根据不同香皂的要求，在香皂中需加入的添加物有以下几种。

1）抗氧剂

由于香皂中的脂肪酸部分会自动氧化，久置后会酸败、变色，因此需加入一定量的抗氧剂。目前香皂中最常用的抗氧剂为泡花碱，其比例可以是 1∶2.4，偏碱性的；也可以是 1∶（3.3～3.6），中性的。由于香皂要求游离碱含量尽可能低，因此一般加用后一种。所用泡花碱的加入量为肥皂量的 1.0%～1.5%。

也有推荐在加入泡花碱的同时，加入 0.8% 左右的硫酸镁液（含有 7 个结晶水的硫酸镁与水 1∶1 溶解），以增加它的抗氧化性，但泡花碱与硫酸镁不能在一起加入，必须分开加至皂片中。例如，先添加泡花碱，再加入其他添加物，最后加入硫酸镁，否则会结晶出很硬的固状物。

其他抗氧剂，可用的是 2,6-二叔丁基对甲基苯酚（BHT），在香皂中的用量为 0.05%～0.10%，同时尚需加 0.1%～0.2% 的 EDTA 二钠，后者不是抗氧剂，而是一种螯合剂，能使香皂中存在的微量铜、铁不活泼，否则微量的铜、铁是香皂自动氧化的催化剂。由于 2,6-二叔丁基对甲基苯酚及 EDTA 二钠的价格较高，因此还不能完全替代价格低廉的泡花碱。2,6-二叔丁基对甲基苯酚不溶于水，是溶在香精中后再加入的。

国外有报道，2,6-二叔丁基-4-甲氧基苯酚作为香皂抗氧剂的效果很好，用量为 0.007%。这类抗氧剂含有酚基或氨基，能与许多香料反应形成带色物质，因此选用时需根据不同的香精配方进行个别实验。

2）香精

用量为 1%～2.5%，一般香皂的香精用量为 1%，越是高级的香皂，香精的用量越多。香精都是根据各种香型配成混合香精后加入的，有些油溶性的添加物，如上述的 2,6-二叔丁基对甲基苯酚等，即溶在香精中后再加入。

3）着色剂

香皂中所用的着色剂有染料和有机颜料，前者一般溶于水；后者不溶于水，配成悬浮液后加用，由于它的耐光、耐碱和耐热等性能好，因此现在逐渐采用这类有机颜料，如耐晒黄 G 和酞菁绿等。

着色剂的品种很多，但要求色泽鲜艳、耐光、耐碱、耐热，在肥皂洗用时不会沾污衣物等。

香皂根据色泽的要求，加入一种或数种着色剂。能溶于水的染料在制成溶液后，一般需用 4 层纱布进行过滤，以免未完全溶解的颗粒在制成的香皂中形成色点。当使用碱性玫瑰精作着色剂时，特别要防止在成皂中产生红点，溶解时宜先用少量冷水调成浆，再用开水溶解，然后用 4 层纱布过滤 2 次。用两种或两种以上染料拼色时，要注意不要把酸性染料（如酸性皂黄）与碱性染料（如碱性玫瑰精）拼混，否则会沉淀结块。有机颜料由于不溶于水，在水中成悬浮液，因此不进行过滤，在使用时需充分搅拌，以免发生沉淀而影响成皂的色泽。为使之成为稳定的悬浮液，需在其中加入适量的肥皂等分散剂。

有色香皂的色泽鲜艳与否，除与所选用的着色剂有关外，还与香皂本身的色泽有极大的关系。另外，香皂的色泽还与所加香精的变色程度有很大的关系。

4）杀菌剂

随着除臭及杀菌香皂的发展，在香皂中加入的杀菌剂也逐渐增多。目前所用的这类杀菌剂为二硫化四甲基秋兰姆及 3,4,5-三溴水杨酰苯胺等，它们基本上不溶于水，都是粉末状加到皂片中，用量为 0.5%～1%。

5）多脂剂

多脂剂也称护肤剂，既能中和香皂中的碱性，减少对皮肤的刺激，又能防止香皂的脱脂作用，因此在使用加有多脂剂的香皂时有滑润舒适的感觉。这类物质可以是单一的脂肪酸，如碘价较低的硬脂酸的椰子油酸；也可以由石蜡、羊毛脂、脂肪醇等配制成多脂混合物。多脂剂的用量为 1%～5%。如加入的多脂剂为单一的硬脂酸，则不宜直接加到皂片中，虽然硬脂酸加入时为熔化的液体，但加到皂片中后，仍会凝结成很硬的结晶，在使用肥皂时有粗糙砂粒的感觉，因此这种多脂剂要加到干燥的皂基中。

6）钛白粉

对香皂起遮光作用，从而减少有色香皂的透明度，增加白色香皂的白度，钛白粉主要用于白色香皂中，但加入过多后，有使皂色显得"呆板"的弊病。它的一般用量为0.025%～0.20%，是以粉状加入的。

由上可见，香皂的添加物分为两类，一类为液体，另一类为固体，香皂的拌料在搅拌机中进行，最常用的为间歇拌料，在一只磅秤上，吊一只皂片斗，由一输送器将皂片输入皂片斗中至一定量，磅秤碰到电触点，输送器停止，同时皂片斗下面的门打开，把皂片放到搅拌机中再用人工加入各种添加物。如皂片过干，可适量加入一些清水，搅拌时肥皂的水分控制在12.5%～14%。物料在搅拌机中搅拌3～5min后放出，到研磨机中进行研磨。

3. 研磨

搅拌机中出来的加有各种添加物的香皂，需进一步通过研磨，以使混合均匀，同时也可借以改变香皂的品相，有利于β相的产生，而增加成皂的泡沫等。工艺基本上都采用串联3台3～4只辊筒的研磨机。辊筒中都通以冷却水，研磨后的肥皂温度在35～45℃。研磨机辊筒的间隙可以调节，控制研磨后皂片的厚度在0.2～0.4mm。研磨机各只辊筒的转速不一样，自加料到最后一只，转速逐只递增，香皂研磨就靠2只辊筒的转速不同，而黏附在转速较快的一只辊筒上。

意大利的麦仲尼香皂的生产工艺流程中是不用研磨机的，在此流程中加有各种添加物的香皂在上述的压条机式的连续搅拌机中进行初步的研压，然后输进真空压条机中再进行研压，并挤压成形。

4. 真空压条

经研磨后的香皂随即输进真空压条机，进行真空压条。真空压条机由上、下两台压条机构成，中间有一真空室。上压条机除有一定的研压作用外，主要是封住真空。真空压条机可以由两台压条机串联而成，也可以上、下两台压条机铸造在一起，成为一个整体。压出的皂条的中心温度一般为35～45℃。下压条机的螺杆顶端一般也放置多孔挡板，它的孔径为6～15mm，不同的孔径是用于调节出条速度的。当出条速度慢时，可以用孔径较大的多孔挡板，甚至可以不用挡板；当出条速度过快时，可以用孔径较小的（如孔径为6～8mm）多孔挡板。使用的多孔挡板的孔径小时，出条的阻力大，压条机的研压作用大，反之则研压作用小。

5. 打印冷却和包装

压条以后进行打印、冷却和包装。压条机压出的热的长条皂直接进入打印机中打印成形。无需在打印前先用切块机把压条机压出的长条皂切成块。

打印以后的香皂由于它的温度高于室温，基本上是出条温度，因此还不能马上进行包装，否则会有冷凝水产生，使包装纸产生水渍。如果外包纸是用不耐碱的油墨印刷的，则还会引起退色，会使某些着色剂（如碱性玫瑰等）所着的颜色退色。目前打印后

典型精细化学品生产与管理

的香皂都是先经过冷却，再进行包装的，主要有两种方法：一种是把打印后的香皂放在一个个木盘中，堆叠在室内，进行自然冷却 16～24h，这样不仅所占的场地大，而且还要消耗一定量制作木盘用的木材；另一种是在冷却房中连续冷却，打印后的香皂排列成行，由推皂机构送至冷却房的篮子中，篮子两端固定在一对链条上，因此香皂在冷却房中上下多次，停留时间为 40～60min，最后在冷却房的末端由带运输器输出，至连接在后面的包装机内。冷却房中装有多台鼓风机，以吹凉香皂。对打印后香皂冷却的要求，一般不高于室温 0.5～2℃。

香皂一般用蜡纸及外包纸两层包装，稍高级一些的用蜡纸、白板纸及外包纸三层包装。从皂基开始的香皂生产线，其主要包括的设备有旋风分离器、真空干燥器、蒸汽喷射器、高位混合冷凝器、双联皂粒机、三辊研磨机、输送带、真空出条机、肥皂切块机、香皂打印机等。如从油脂开始生产肥皂、香皂、透明皂或皂粒，生产设备主还需要包括化油池、精油储罐、皂化锅、配料锅、列管加热器等。香皂生产流水线如图 2.25 所示。

图 2.25　香皂生产流水线

（三）透明皂生产工艺

透明皂按其制法不同，可分为两大类。一类是加酒精、糖及甘油等添加物的，称为"加入物法"透明皂；另一类是不加酒精、糖及甘油等添加物，全靠研磨、压条来达到透明的，称为"研压法"透明皂。

加入物法透明皂与研压法透明皂相比，不但价格高，而且不耐用，且要消耗大量的酒精、糖及甘油，目前应用最多的是高档美容皂。

研压法透明皂虽然透明度不及加入物法透明皂，一般呈半透明，但它不需加用酒精、糖及甘油，价格比加入物法所制的低，且质量好，与一般香皂相似，因此有很多制皂厂生产这种透明皂，并且深受消费者的欢迎。

透明皂与普通不透明皂的主要区别在于前者具有极小的结晶颗粒，这种结晶颗粒小得能使普通光线通过。对透明皂肯定是一种晶体的概念，目前已为大家所公认。透明皂加热熔化后再冷却，可以使之变为不透明，这是由于形成了较大的结晶。

1. 加入物法透明皂

这种透明皂都采用热法制造，因此需用纯净的油脂作为原料，以保证成皂的色泽及透明度。常用的油脂有牛羊油、脱色的棕榈油、椰子油、蓖麻油及松香等。在所用的原料中应无钙质，如在制造过程中使用软水则更为合适。这种透明皂的配方示例见表 2.21。

表 2.21　透明皂的配方示例　　　　　　　　　　　　　单位：g

原料	配方 1	配方 2	配方 3	配方 4	配方 5
牛羊油	100	80	40	50	52
椰子油	100	100	40	60	65
蓖麻油	80	80	40	58	13
氢氧化钠溶液（相对密度1.357）	161	133	60	84	60~65
酒精	50	30	40	30	52~55
甘油	25	—	20	30	—
糖	80	90	55	35	39
溶解糖的水	80	80	45	35	—

牛羊油及椰子油加热到 80℃ 左右，通过一过滤器加入到带有搅拌器的皂锅中。蓖麻油，特别是含有一些黏状物的毛油，过热后色泽变深，因此宜与其他油脂分开放置，在准备加入碱液前加入。碱液与酒精混合在一起在搅拌下以很快的速度加到油脂中，皂化时有酒精存在，能大大地加速皂化反应。皂锅是蒸汽夹层的控制锅，锅中物料温度不能超过 75℃。当皂化完全（取出一些样品溶解在蒸馏水中应清澈）后，停止搅拌，皂锅加盖放置一会儿。在另一只锅中制糖水，把糖溶解在 80℃ 的热水中，糖液面上所浮现的泡沫应去除。然后在搅拌下先把甘油加到肥皂中，再加入热的糖液。此时肥皂中的游离氢氧化钠含量应控制在 0.15% 以下，再加盖放置，待肥皂温度降到 60℃ 时，加入香精及着色剂液。搅拌均匀后即可把肥皂放出，进行冷凝。冷凝后的肥皂切成所需大小的皂块，放在盘架中晾置一定时间后，再行打印。打好印的肥皂，还需用吸有酒精的海绵或布来轻轻的揩擦，以便达到满意的透明度。最后进行包装。这种透明皂，成皂的脂肪酸含量在 40% 左右。

2. 研压法透明皂

国内生产的透明皂，绝大多数都是用研压法加工制造的，不需加用酒精、糖及甘油等，采用香皂的加工工艺，但成皂的脂肪酸含量在 72% 左右。

油脂的配方与香皂相同，基本上都是 80% 牛羊油及 20% 椰子油，也可根据油源情况，使用一部分猪油、茶油、生油或硬化油（为保证硬化油的色泽好，一般用色泽好的猪油、生油或茶油去氢化等）。对油脂色泽的要求同一般的白色香皂，油脂的色泽越好，对成皂的透明度越有利。

这种透明皂与一般肥皂一样，由沸煮法制得皂基，再通过帘式烘房烘成皂片，皂片的水分控制不一，可在 12%~20%，但拌料后肥皂的水分一般控制在 22%~24%，根据研磨的次数和室温等条件不同而变动。一般需研磨 5~6 次（通过一台三辊筒式或四辊筒式的研磨机计一次），研磨时肥皂的温度宜控制在 40~42℃。因此在冬季研磨机中需通以热水，在夏季则不通水。当研磨后肥皂的透明度符合要求时，可以进行压条。压条采用真空压条机，以后的打印、冷却、包装等工序与一般香皂相同，但包装较为简单，都采用一张蜡纸包装。

透明皂中一般加 0.5%左右的香精、1%～2%的泡花碱（比例为 1∶2.4 或 1∶3.36）作抗氧剂以及适量的荧光增白剂和皂黄。成皂的游离氢氧化钠含量控制在 0.15%以下。

这种透明皂也有用真空干燥设备来生产的。皂基与所有的加入物均加在调缸中调和均匀后由泵输经列管式加热器而至真空干燥室中，为了不使香精通过真空干燥而逃逸，可以不加在调缸中，另用一台香精定量泵加到真空干燥室下的压条机中，这样，肥皂也需用定量泵输送。在真空干燥室中刮下的肥皂落入连接在下面的双螺杆压条机中，压成直径为 4mm 的小圆条，随即切成短条。进真空干燥室前的肥皂控制在 120～130℃，干燥后肥皂的脂肪酸含量在 70%左右，压出的小圆条的温度在 45℃左右。

这样压出的小圆条已较透明，为使它更透明，再通过一台双螺杆压条机，也压成直径为 4mm 的小圆条。然后可送入双联真空压条机中压条。其后的打印、冷却、包装等工序与一般香皂相同。在真空干燥的过程中有时由于流量小、真空度高等操作不当，会产生干硬白点，影响成皂外观，因此宜在第二次压出小圆条后，连接一台研磨机，通过研磨再进入双联真空压条机，这样对去除成皂中的白点比较有利。

（四）药皂

在历史上肥皂很早就应用于医药方面，不仅作为一种洗涤剂，而且作为一种消毒杀菌剂。目前一般所指的药皂都是加有特殊杀菌剂的。

用于肥皂中的杀菌剂的种类很多，最常用的是酚类化合物，其中又以苯酚及甲酚（一般为间位、邻位及对位甲酚的混合物）的使用更为普遍，用量在 2%左右。采用冷板车工艺生产，基本上是纯皂基的产品，成皂的脂肪酸凝固点不低于 35.0℃，游离氢氧化钠含量在 0.20%以下。混合甲酚的刺激性较苯酚为低，而且混合甲酚所制成的皂的药味也较苯酚者为好，因此苯酚目前较少使用。由于这种药皂对色泽要求不高，故可选用色泽较深的油脂来制造。一般药皂的油脂配方见表 2.22。

表 2.22　一般药皂的油脂配方　　　　　单位：%（质量分数）

原料	硬化油	椰子油	猪油	糠油/棉籽油	松香	牛羊油	骨油
配方 1	15	15	30	10	10	20	
配方 2	25	15	30	10	10	10	
配方 3	13	15	15	12	10	35	25
配方 4		15	10	10	10	30	
配方 5	30	15	25	10	10	10	

随着"研压法"透明皂的发展，也有用这种工艺来生产透明药皂的，它的脂肪酸含量与透明皂一样，在 72%左右，油脂配方与一般香皂相同。用苯酚或甲酚所制成的药皂都呈红色。

百里酚及香芹酚可用作药皂的杀菌剂，它的用量为 1%左右，采用香皂加工工艺生产，脂肪酸含量与香皂一样。

肥皂完整生产线包括油脂溶化、精炼脱色（香皂）、油脂皂化、真空干燥冷却、二次碾压精制并连续皂粒成形工艺。从油脂开始生产肥皂、香皂、透明皂或皂粒，生产设备主要包括化油池、精油储罐、皂化锅、配料锅、列管式加热器、旋风分离器、真空干燥器、蒸汽喷射器、高位混合冷凝器、双联皂粒机、三辊研磨机、输送带、真空出条机、肥皂切块机、香皂打印机等。

 思考题

　　(1) 肥皂工艺流程图与香皂工艺流程图有哪些相同点和不同点？

　　(2) 肥皂辅料的加入工序与香皂辅料的加入工序一样吗？

　　(3) 油脂脱色锅、调和锅等都用到搅拌器，如何选择搅拌器的类型？

★任务 2.5　认识香皂生产设备并用打样机生产产品

【学习目标】

　　(1) 能够用打样机生产出合格的产品。

　　(2) 掌握生产过程中物料加入顺序和原则。

　　(3) 了解生产过程对皂品质的影响。

【任务分析】

　　(1) 预习用皂粒制备香皂或透明皂的过程和设备。能够对皂粒提出油脂配方的要求。并根据所学知识拟定一个皂类产品的配方且根据拟定的配方制定出生产 1.5kg 样品的实施方案。

　　(2) 通过研讨，最终确定配方和实施方案，然后由自己动手制备样品。熟悉设备开车前的准备事项；掌握生产过程控制综合操作以及了解突发事故的处理。

　　(3) 对生产过程管理进行评价比较，对制成的样品进行点评比较，提出改进意见，并进一步掌握 6S 管理实质、皂用原料的性质，样品保存好以备后续内容的教学。

　　(4) 写出本项目的工艺操作规范及画出工艺流程图。

　　例 2.4　1.5kg 皂粒生产皂类小样的油脂配方见表 2.23。

表 2.23　1.5kg 皂粒生产皂类小样的油脂配方

皂基			辅料		
椰子油/%	牛羊油/%	氢氧化钠	EDTA 二钠/%	钛白粉/%	色素
20	80	根据油脂计算	0.10	0.05	汽巴红 1/10

实训步骤：

(1) 物料称取：称取 1.5kg 皂粒（椰子油：牛羊油＝1∶4，脂肪酸含量 80%）；称取 1.5g EDTA 二钠、钛白粉 75g，汽巴红 1g 配置于 1000mL 烧杯中，量取 15mL 备用。

(2) 混合：分别把称量的各种辅料加入到皂粒中，并搅拌均匀，然后倒入混合机（图 2.26）混合。

(3) 研磨：透明皂和香皂一般常用的研磨机（图 2.27）为三辊研磨机。把从混合

图 2.26　混合机

图 2.27　三辊研磨机

图 2.28　出条机

机出来的混合均匀的物料倒入三辊研磨机中，注意加入物料不应太满，以免下料堵塞。一般物料重复研磨 3 次，待研磨出的皂片厚度、色泽、透明度均匀后，停止研磨，进入下一道工序。

(4) 出条：将研磨好的皂片加到出条机（图 2.28）的入料口，调节出条口加热旋钮至温度合适，出的皂条皂体均匀、有光泽、不散不裂，至合适的长度切断，以备打印。刚开始出的外观不符合要求的皂条，需重新从入料口加入直至皂条合格。

(5) 打印：合格的皂条用液压打印机或模具手工打印即可。图 2.29 为打印机；图 2.30 是同一工作平台的打样机。

图 2.29　打印机

图 2.30　同一工作平台打样机

相关知识

肥皂、香皂是我国传统的洗涤用品，除了应该具有一定的硬度、耐用度和去污能力以外，外观质量也十分重要。例如，冒白霜、有软白点、开裂、糊烂、酸败等均会给消费者一种质量低劣的印象。下面对这几种质量问题进行讨论。

1. 控制肥皂冒霜

肥皂冒霜是一个维持平衡的过程。皂体中的游离电解质以及溶解在水中的低碳脂肪物，总是由高浓度向低浓度方向流动的，如果皂面有水，浓度差增大，这种流动将会加速。同样皂体内的水分与外界的湿度失去平衡，随着水分向外流动，把溶在其中的电解质和低级脂肪物也带到皂面上，最终形成白霜，所以干燥季节易发生冒霜。另外冒霜和油脂配方也有一定的关系，若配方中增加胶性油脂和保持一定量的松香，以提高皂基容纳电解质的能力，也可减轻无机霜的生成，但这往往受到资源和成本的限制。

1）控制无机电解质含量

如果没有一定量的无机电解质，皂胶将变得非常稠厚而无法输送；同时，保留适量的无机电解质对去污、防止酸败都是有益处的。但若超过一定限度，肥皂本身无法容纳，则会随着水分和其他挥发性物质从肥皂内向外移动而被带到表面，其游离的氢氧化钠与空气中的二氧化碳发生作用生成碳酸钠，表层水分蒸发后就形成了白色结晶。

传统的"冷法工艺"使得皂中含有大量游离碱，用较先进的逆流洗涤沸煮法工艺，在肥皂体内也存在着游离氢氧化钠和氯化钠。

合理的电解质总量，以在皂基中占 0.5%（NaOH≤0.3%，NaCl≤0.2%）为宜，这样，即使在干燥的季节也不会出现严重的冒白霜现象。

皂霜的成分除了 Na_2CO_3 以外，还有 SiO_2。后者来自泡花碱。我国肥皂的皂基含量多为 33%～55%，因此必须在皂基中添加填充剂，对脂肪酸进行调整。而最理想的填充剂是泡花碱，它虽系电解质，但对皂胶的离析能力最差；同时它的加入可以弥补纯皂的某些质量缺陷，且能节约油脂。

为了避免 SiO_2 的外移，通常的措施一是选用碱性泡花碱，二是控制添加量。皂中 SiO_2 含量以在 3%～3.5% 为宜。

2）控制低级脂肪酸的含量

低级脂肪酸的存在是造成有机霜的主要原因。对收集的白霜进行分析，成分（质量分数）见表 2.24。

表 2.24 白霜成分分析

成分	含量	成分	含量
Na_2CO_2	1.19%	SiO_2	1.62%
NaCl	0.29%	其余为水分及挥发性脂肪酸	

对提取出的脂肪酸进行分段冷凝，分步进行凝固点测试，结果是40％的混酸凝固点为20.5℃，60％的混酸凝固点为9.8℃。已知辛酸的凝固点为16.3℃，不难看出从霜中分离出的脂肪酸是低碳脂肪酸的混合物，有机霜是由于肥皂体内存在着大量低碳脂肪酸盐造成的。

低碳脂肪酸及其盐类，因易溶于水形成分子溶液，所以能随水移动到皂面成霜。不同碳链长度饱和脂肪酸在水中的溶解度见表2.25。造成低级脂肪酸含量高的原因主要有以下几种：

表2.25 不同碳链长度饱和脂肪酸在水中的溶解度

脂肪酸	100g水中溶解酸的质量/g			脂肪酸	100g水中溶解酸的质量/g		
	0℃	20℃	60℃		0℃	20℃	60℃
己酸	0.864	0.968	1.171	肉豆蔻酸	0.001 8	0.002 0	0.003 4
辛酸	0.044	0.068	0.113	棕榈酸	0.000 46	0.000 72	0.001 2
癸酸	0.003 7	0.005 5	0.008 7	硬脂酸	0.000 18	0.000 29	0.000 50

（1）油脂的酸败。天然油脂多是混酸的甘油三酸酯的混合物，其中的脂肪酸有饱和脂肪酸，也有不同双键数的不饱和脂肪酸。油脂在光、温度和催化剂的作用下发生氧化。这种氧化不仅发生在不饱和的双键处以及双键相邻的亚甲基上，同时饱和脂肪酸也会慢慢通过生成过氧化物而酸败。生成的过氧化物发生断键迅速转化为低碳链的醛，进而氧化生成低碳酸。此过程也称醛式酸败，它是油脂酸价升高，产生大量低碳脂肪酸的主要原因。另外，各类油中都会有一定量的低分子脂肪酸甘油酯，水解时可直接生成低碳的游离脂肪酸。

酸值升高是油脂氧化变质的主要特征，酸值越高，油脂的腐败程度越大，氧化程度越深，低碳脂肪酸也就越多，油脂越差。酸值高是造成肥皂中含有大量低碳脂肪物的主要原因，是形成大量有机霜的根源。因此，要想减少有机霜，油脂的酸价必须严格控制在适当范围内。

（2）肥皂的酸败。肥皂在储存过程中，受温度、湿度的影响，肥皂中的不饱和酸盐将会继续被氧化，在铜铁金属存在下氧化会加速，其结果同样会生成比原相对分子质量小得多的低碳脂肪酸盐。

（3）工艺与操作的原因。如果皂化不好或煮沸时间不足，一些高分子聚甘油酯在皂基中形成未皂化物，在储存过程中也会慢慢分解成游离脂肪酸和甘油。工艺设计不合理或简化工艺以及工人技术水平低等因素，也可造成皂基中的低碳脂肪物不能最大限度地被分离出来，而残留在皂基中；或是皂基甘油含量高，也会随水被带到表面，形成多种氧化物或酸类。

2. 控制肥皂上形成"软白点"

真空出条生产工艺与传统的冷板成形生产工艺有着本质的区别，肥皂皂基进入真空室后，经过闪蒸制冷，进行水分的挥发，一方面达到干燥的目的，另一方面由于水分挥发过程中热量的夹带，又达到了冷却的目的。然后，经过螺旋压条机研磨挤压成形。由于这一过程以及设备的复杂性，因此存在许多使皂体产生"软白点"的因素。

1）油脂配方的原因

松香与月桂酸类油脂的量不足是造成软白点的直接原因。真空出条皂的配方与冷板皂的配方最大的不同点在于松香的用量不能太大，冷板成形工艺的油脂配方中松香最多可用至 30％，而真空出条油脂配方中松香最多只能用 8％。其次，配方中应加入 4％～10％的胶性油脂，主要是椰子油和棕榈仁油。增加椰子油、棕榈仁油的配比，有利于真空出条，若椰子油用到 10％，其成皂表面"软白点"的数量显著减少，同时提高了肥皂在出条时的硬度，可保证肥皂的外观质量、容易出条和皂面光滑。这是由于其容纳电解质的量加大，可以增加泡花碱的用量。

椰子油、棕榈仁油中月桂酸分别占油脂脂肪酸组成总量的 49.1％和 47.6％。如果配方中不加椰子油和棕榈仁油，可能尽管所产生的肥皂外观也可接受，但会发现"软白点"。由于椰子油供应紧张，在肥皂配方中，不能再使用椰子油，以致造成皂的电解质容纳量下降，SiO_2 含量由原来的 3.5％下降至 2.5％以下，影响肥皂的质量和产量。如果采用胶体磨生产肥皂，可增加皂中 SiO_2 的含量，替代了配方中的椰子油。

其原理为在有乳化液（肥皂液）存在条件下，由棉油酸和泡花碱起反应，所生成的钠皂和硅酸胶粒迅速通过高速剪切的胶体磨后，得到了颗粒小于 $20\mu m$ 呈乳胶状的皂基胶体，它的加入容易使成皂中的 SiO_2 含量加大。表 2.26 所列为胶体磨皂化皂的配方。

表 2.26　胶体磨皂化皂的配方　　　　　单位：％（质量分数）

原料	配方 1	配方 2	配方 3
皂用泡花碱（1∶2.444°Bé）	61	62	63
脂肪酸（皂化价 202）	29	30	32
水	10	8	5

2）工艺原因

（1）不合格的返工皂称为皂头，需要在调和过程中加入。在相同皂基生产条件下，加入 5％皂头量的成皂比加入 10％皂头量的成皂"软白点"少得多，这是由于调和过程时间短，使得有些过于干燥的皂头不能很好地与正常皂基完全熔合均匀，正常皂基夹带未完全熔解的微小皂头进入真空室，通过螺旋压条，形成肥皂头的"软白点"。

（2）在调和过程中，电解质加入量太少，会使肥皂出条成形太软，皂的色泽死板发暗。电解质加入量太多，皂的组织发粗，容易产生冒霜，而且由于皂基太黏稠，加入太多的电解质在一定时间内搅拌不均匀，或者由于配方中可容纳电解质的月桂酸类油脂的加入量太少，同样会影响肥皂的出条成形，产生"白点"和表面粗糙现象。

（3）在同一锅皂基中，同一条件下，若加入泡花碱的浓度为 350°Bé，出条时，肥皂皂体发软，组织粗糙，表面不光滑，"软白点"较多。而加入泡花碱浓度为 400°Bé 时，出条成形明显好转，肥皂硬度提高，组织较细，表面光滑，"软白点"减少。

（4）出条速度不同（即皂基流量不同），成皂表面"软白点"的数量也不同。出条速度过快，则皂基在真空室停留时间和压条机内研磨的时间缩短，皂基结晶时形成的"软白点"受到的压力减少，使得皂基表面"软白点"数量增加。如果降低出条速度，即降低皂基流量，成皂表面"软白点"数量也就大量减少。

（5）钛白粉是一种肥皂行业常用的遮光剂，能够在一定程度上遮盖皂体的不愉快色感和透明度。在大规模生产中，随着钛白粉加入量的提高，遮盖"软白点"的效果也随之增加。

3）设备方面的原因

（1）真空室内喷头孔径太大时，通过它喷出的皂基雾粒也太大，这种较大雾粒在真空室内的干燥、冷却过程中失水不均匀，造成雾粒中心和表面干湿不一，使得皂基在研磨过程中通过干湿集合作用，形成不规则的"软白点"。有的厂家曾经将喷头孔径从 16mm 改为 12mm，肥皂"软白点"大为减少。

（2）在同样的工艺条件下，压条机挡板孔径的大小，对成皂表面的"软白点"也有一定的影响。选用小孔径的挡板，可以相对延长肥皂在压条机内的研磨时间，增加螺旋对某些"软白点"的研磨压力，使"软白点"分散和互混，这对减少成皂表面的"软白点"也有一定的效果。

（3）由于皂基的输送一般利用齿轮泵，齿轮输皂泵的输皂速度不够稳定，使得皂料在管路中的流量忽大忽小，皂料在真空室中的失水速度和失水量也就不一样，形成的结晶体含水量不同，含水少的晶体相对于含水多的晶体，也就形成了皂体的"软白点"。

（4）使用机械真空泵抽真空时，由于机械泵造成的真空是脉冲式真空，真空度不恒定，这样形成的结晶体含水量也会有所不同，进而使得皂体表面形成"软白点"。因此，必要时要利用恒位水箱稳定真空度。

（5）出条机的出条能力与输皂泵的输皂能力要基本吻合。若输皂泵能力过小，就会造成供料不足，致使出条机不能连续开车，皂料在真空系统内停留时间不一，造成"软白点"过多，甚至造成皂料部分过干。若输皂能力过大，容易造成出条机积料过多，容易棚料，致使皂泵时开时停，形成供料不稳的现象，皂泵不能连续供料，这也是造成"软白点"过多的因素之一。

（6）真空室桶体不圆，锅壁不光滑，刮刀刮不净，刮刀架上黏附干皂太多，长时间不进行清理，在生产中干燥粒有时脱落与湿皂粒混合，也会产生"软白点"和使皂面粗糙。

3. 控制肥、香皂开裂和皂面粗糙

在配方中泡花碱浓度过高，皂基内电解质含量太多，或松香、椰子油或液体油太少，粒状油多，容纳电解质能力较差，都易造成开裂。

对于 80% 的牛油和 20% 的椰子油的香皂标准配方，脂肪酸凝固点为 38℃，氯化钠含量为 0.42%~0.52%，水分 13%~14%，香料 1%，可得到满意的塑性，但如果氯化钠含量超过 0.55%，就容易造成开裂。

温度和水分对于肥、香皂的可塑性也有影响。例如，上述配方中水分降至 19% 以下，肥皂的可塑性大大下降，工业上称为"缺水"，可通过调研和搅拌时喷水调正。而水分高于 16% 时，肥皂在 40℃ 时可塑性太大，失去刚性，加工时温度以控制在 35~45℃ 为宜，温度太低，往往出现开裂。

对入香皂，加入少量羊毛脂、非离子表面活性剂、CMC、C_{16}醇、硬脂酸等，以及增加香精的用量，都有助于减少开裂。

在生产过程中，调和不匀，冷却水开得过早，打印时过分干燥，都可能造成开裂。

肥皂组织粗糙的原因来自于泡花碱过浓，皂内氯化钠含量过高，在调和搅拌时搅入空气等。

4. 控制肥皂"冒汗"

"冒汗"是指肥皂冒水或冒油。在黄梅时节或空气中相对湿度达到 85% 以上时，肥皂可能出现冒汗现象。肥皂中水分含量越小，越容易出现冒汗，这是由于空气中的水分与肥皂中的水分不平衡引起的。此时，空气中的水分流向肥皂，由于肥皂表面膜的缘故，水不易渗入，时间稍久，产生冒汗现象。例如，将含水分 32.8% 的块重 304g 的肥皂置于空气相对湿度为 87% 的条件下，8h 后，肥皂增重 2.8g。空气相对湿度低于 60% 时，含水分 34% 的肥皂中不饱和脂肪酸及甘油的吸湿性也易引起肥皂冒汗。

肥皂的冒汗会引起肥皂水解，进而产生酸败。防止肥皂冒汗，宜采取下列方法：
(1) 将配方中脂肪酸的碘值控制在 85 以下。
(2) 将总游离电解质除碳酸钠与泡花碱外，控制在 0.5 以下。
(3) 皂箱木料水分含量控制在 25% 以下。
(4) 皂箱内衬蜡纸，以防潮湿，保持皂箱于空气流通处。

5. 控制肥皂"糊烂"

肥皂遇水发生糊烂，则不耐用。配方中不饱和脂肪酸含量越多，则碘值越高，糊烂越严重。一般认为硬脂酸与棕榈酸之比以 (1:1)~(1:1.3) 为宜，椰子油用量增加，可以改善糊烂程度。皂块水分含量高也容易糊烂。

在加工操作中有多种因素会导致糊烂，如水分的渗透性、液晶相的膨胀性、可溶物质的分散性及相型转变等。通过一种肥皂的结构模型可以对糊烂等问题给予解释。

肥皂的糊烂部分是 G 相，在富脂皂及非富脂皂中棕榈酸盐/硬脂酸盐呈大粒结晶（像带状）。水分通过皂液相渗透，从而导致液晶相的膨胀。如果液晶相中月桂酸的含量较高，由于油酸盐/月桂酸盐的溶解度大，它们能很快分散，膨胀就较小。正常情况下，液晶相内含有大量的月桂酸盐。

如果在糊烂之前皂条中的大量固相肥皂就已是 G 相，这表明富脂皂的糊烂部分是在温度低于 40℃ 下加工的。容易糊烂的肥皂容易酸败，产生斑点或白芯。

6. 肥、香皂泡沫性能

在脂肪酸钠系列中，C_{14} 脂肪酸钠盐泡沫最丰富，但肥皂的配料是脂肪酸钠盐的混合物。总体上说，C_{12}～C_{18} 肥皂的泡沫多而大，去污能力强；C_{10} 以下低碳链的合成脂肪酸制成的肥皂，泡沫少，去污能力差。椰子油、棕榈油、木油（柏油和梓油的混合物）、猪油、牛羊油、棉籽油、樟子油等油脂制成的肥皂有丰富的泡沫，而菜油、花生油、硬化豆油和鱼油制成的肥皂不易起泡。松香、蓖麻油、磷脂、磺化油、硅酸钠和磷酸钠本身虽然不易起泡，但对其他油脂有助起泡作用。

在实际生产中，月桂酸钠是比油酸钠更好的发泡剂。由于最佳剪切力和温度条件，使得液晶相中月桂酸盐的含量较高，因此也就增强了其发泡性。当富脂皂存在时，不仅促使 K 相中的月桂酸盐转变到液晶相，而且层状液晶结构能够促使水分渗透，从而使可溶的发泡物质进入洗涤液。因此，适宜工艺制成的富脂皂不仅泡沫丰富，而且生成的泡沫也有光滑感。

适当增加松香和硅酸钠的用量对泡沫有调整作用。一般电解质含量高，不利于起泡。因此，电解质的同离子或离子强度作用导致肥皂的盐析，从液晶相析出的物质为固体的油酸盐或月桂酸盐。当洗涤时，这些固体的油酸盐或月桂酸盐在产生泡沫之前就已溶解，而液晶相则更快地产生泡沫。

7. 控制肥皂冻裂、收缩、变形和酸败

1）控制肥皂冻裂、收缩与变形

如果肥皂的水分含量很大，如在 45% 以上，脂肪酸含量过少，如在 47% 以下，则在 -5℃ 或更冷的条件下储存，就会发生冻裂现象。这种肥皂干燥后收缩严重，容易变形。

改进的办法有调整配方、增加泡花碱浓度或加入固体填料，如加入 5% 左右的陶土或碳酸钙等来替代部分水分，可以改善肥皂耐冻的能力。但固体填料过多，会导致肥皂粗松。

2）控制肥皂的酸败

发生酸败的肥皂去污能力下降，表观上出现黑色斑点，严重者冒油、冒汗，甚至产生令人不愉快的油腻味。

（1）肥皂腐败可能有以下几种原因：

① 油脂配方中含有大量高度不饱和脂肪酸的油脂。这些不饱和脂肪酸在其双键处容易被氧化，如 1 分子亚油酸经氧化会生成 3 分子低级脂肪酸，而亚麻酸会生成 4 种低级脂肪酸。而肥皂中游离碱的量不足以中和这些小分子酸。在不同氧化阶段生成的低级脂肪酸、过氧化物、低相对分子质量醛和酮等，是酸败肥皂产生不愉快气味的

原因。

② 皂化不完全。未皂化物会在与空气、阳光长期接触中生成游离脂肪酸和甘油，造成肥皂酸败。特别是菜油中含量最高的芥酸（二十二碳烯酸）甘油酯和木焦油酸甘油酯很难被皂化。

皂化不完全在盐析法制皂（特别是逆流洗涤皂化）中一般占 0.2％ 以下，所以不至于影响到肥皂的酸败。但在直接法和冷法制皂中则是不可忽略的因素。肥皂中过量游离松香酸的存在也容易产生酸败。

③ 铜、铁、镍等重金属以及残存于肥皂中的活性白土会促进酸败，这些重金属离子来自于纯度不足的原料或金属设备等。

④ 肥皂中含有大量的甘油。如果肥皂中的水分大量挥发，肥皂中的甘油会"游"到肥皂表面，在长期接触空气和阳光的情况下，会形成多种氧化物或酸类。

⑤ 肥皂配料中碱性物质少，而酸性物质过多。例如，有强酸性的香料会引起肥皂酸败，而泡花碱有防止酸败的作用。

（2）防止肥皂酸败的措施如下：

① 最有效的防止酸败的办法是添加适当的泡花碱。原因可能在于 SiO_2 能使肥皂结晶紧密，抵抗氧气对肥皂内部的袭击。另一方面，泡花碱属于强碱弱酸盐，肥皂在表面发生酸败时，其氧化钠部分会对酸败起抑制作用。当肥皂中的 SiO_2 含量在 3.98％ 时，45d 后脂肪酸氧化率为 0.10％～0.11％，90d 后达到 0.14％，色泽保持米色，150d 后达到 0.15％，颜色变成黄色。SiO_2 含量在 2.65％ 时，到 150d 时色泽变成黄褐色。SiO_2 含量在 1.56％ 时，90d 后变成黄色，150d 后成为黄褐色。如果无 SiO_2，脂肪酸氧化率由初期的 0.10％，45d 后达到 0.24％（浅黄色），90 天后达到 0.31％（黄褐色），150d 后达到 0.71％（棕褐色）。

泡花碱除了可防止肥皂的酸败外，还能增加肥皂的硬度、耐磨度、耐用度，并有软化硬水的作用。

② 加入适量碳酸钠来中和游离脂肪酸。0.5％～1％ 的碳酸钠足以防止肥皂酸败。超过 3％ 会导致肥皂粗糙，使肥皂发松，结晶崩溃。

③ 加入抗氧剂。

④ 加入螯合剂，可螯合对氧化反应有催化作用的重金属离子，这在液体皂中尤其重要。

⑤ 加入适量的松香。松香是带有两个双键的不饱和酸（$C_{19}H_{29}COOH$ 分子内含有菲环），一接触空气就被氧化，但它的氧化终止于氧化物或过氧化物，不会发生断链产生小分子酸。因此，松香实际起着抗氧化作用，这种抗氧化作用能使肥皂的结晶紧密，对肥皂起保护遮盖作用。肥皂中的松香可增加肥皂的溶解度，降低皂水表面张力，使肥皂对无机电解质的容量增大，并增加去污能力。

8. 控制香皂的沙粒感

香皂沙粒感指的是香皂在擦洗时，皂体有粒状硬块与皮肤摩擦而造成使用者不快的感觉。减少砂粒感的措施有以下几种。

1）选择合适的皂基干燥系统

真空干燥优于烘房干燥和常压干燥。在烘房干燥中，皂片是在冷水辊筒上刮得的，厚薄不均；而且，由于皂片都相对较厚，因此干燥出来的皂片里、外水分含量分布极不均匀。另外，热风亦容易带来黏污物。这都很容易造成皂体的砂粒感。

常压干燥，是将皂基加热到过热状态，喷入分离器中进行常压闪急蒸发脱水，失去部分水分的皂基，掉在辊筒上冷却结块，再用刮刀刮下来成为皂片。皂片厚薄不均，使得水分含量不均匀，高温会导致过干现象。

2）加强皂粒仓及后续设备的密闭性

皂粒仓的密闭性不好会导致上下层皂粒水分含量不同而造成沙粒感。皂粒仓后续设备，如皂料斗、研磨机，尽管皂料在这些地方的停留时间不长，但如果是在风干物燥的秋天，皂料表面水分散失也是较快的。在这些设备上加盖可以在一定程度上改善砂粒感。

3）控制皂基电解质含量

皂基的电解质过多或分布不均匀，会导致皂基不细腻，即结晶体较粗大，使得干燥时喷射皂基不平稳，造成皂粒含水量波动。皂化工段进入整理工序时，要控制好电解质含量，保证出锅皂基的游离碱含量不高于 0.10%，氯离子含量不高于 0.36%，以保证皂基细腻，在干燥时，喷射皂基的速度可以比较平稳。

4）皂粒水分控制

将皂粒水分含量控制在 11.0%～12.5%，则生产出来的香皂较理想。要做到这一点，必须保证皂基温度、加热器蒸汽压、进料速度等工艺参数都要稳定。例如，皂粒含水量过低（8%～9%），即使成形工段补充外加水充足，由于外加水渗入皂粒且到达水分分布均匀是需要较长时间的，一般要数小时才有较好的效果，而正常生产的渗水时间只有 10～15min，所以，远远达不到使皂粒吸水均匀的要求。

5）控制返工皂量

保持返工皂量不大于新皂量的 5%，较干的返工皂要预先经过充分的渗水，渗水时间应不少于半小时。过干的返工皂不能倒入成形生产线，必须倒回皂化锅返煮。

6）控制研磨机辊筒的间隙

保持研磨机辊筒的间隙在 0.2～0.3mm，以保证压匀那些直径大于 0.3mm 的微粒，使加工出来的香皂皂体柔滑，沙粒感减小。

 思考题

（1）肥皂与洗衣粉混用洗涤效果如何，为什么？

（2）肥皂生产中加入泡花碱的作用是什么？

（3）肥、香皂会出现哪些质量问题，该如何解决？

（4）试评价一下自己的产品，并从外观和手感上与其他同学的产品比较，从配方和制备过程中分析原因。

任务 2.6 皂类产品质量检验

【学习目标】
(1) 了解皂类产品的分类及标准的查阅方法。
(2) 能够检验分析皂类产品的常规指标。
(3) 进一步掌握皂类产品的油脂配方和生产技术。

【任务分析】
(1) 通过课前预习教材、参考资料等相关内容知识，熟悉皂类产品按质量标准的分类方法，并理解标准的操作方法。
(2) 能够根据产品的质量标准准备所需药品、仪器，完成已做产品常规指标的检测任务。
(3) 能够检验分析产品，综合比较产品质量，从油脂配方及生产等各方面提出提高产品质量的改进意见。

相关知识

(一) 肥皂产品分类及质量标准

1) 产品分类标记

肥皂按干钠皂的含量分为两种类型：Ⅰ型，干钠皂含量≥54%的产品，标记为"QB/T 2486 Ⅰ型"；Ⅱ型，43%≤干钠皂含量<54%的产品，标记为"QB/T 2486 Ⅱ型"。对于裸皂，产品类型标注在销售大包装上。

2) 质量标准

(1) 感官指标。

包装外观：包装整洁、端正、不歪斜；包装物商标、图案、字迹应清楚。

皂体外观：图案、字迹清晰，皂型端正，色泽均匀，无明显杂质和污渍。

气味：无油脂酸败等不良异味。

(2) 理化性能。洗衣皂的理化性能应符合表 2.27 规定。

理化指标的报告结果应以包装上标注的净含量按下式进行折算：

$$测试的报告结果 = \frac{测得的实际含量 \times 测得皂的实际净含量}{包装上标注的净含量} \times 100\%$$

表 2.27 洗衣皂的理化性能指标

项目	指标	
	Ⅰ型	Ⅱ型
干钠皂/%	≥54	43~54
乙醇不溶物/%	≤15	—
发泡力（以 5min）/mL	≥4.0×10²	≥3.0×10²
氯化物（以 NaCl 计）/%	≤1.0	
游离苛性碱（以 NaOH 计）/%	≤0.30	
总五氧化二磷/%①	≤1.1	
透明度② [(6.50±0.15) mm 切片]/%	≥25	

注：① 表示仅对标准无磷产品要求。
② 表示仅对本标准规定的透明产品要求。

（二）香皂的分类和理化指标

1）香皂的类型

香皂按成分分为皂基型和复合型两类。

皂基型（以Ⅰ型表示）：仅含有脂肪酸钠、助剂的产品，标记为"QB/T 2485 Ⅰ型"。

复合型（以Ⅱ型表示）：含有脂肪酸钠和（或）其他表面活性剂、功能性助剂、助剂的产品。标记为"QB/T 2485 Ⅱ型"。

在销售外包装上，如果产品的名称、使用说明及其他内容中，凡对皂体描述有诸如"透明"、"半透明"、"水晶"等含义文字的产品，均视为透明产品。

2）香皂的理化性能指标

香皂的理化性能应符合表 2.28 的规定。

表 2.28 香皂的理化性能指标

项目	指标	
	Ⅰ型	Ⅱ型
干钠皂/%	≥83	—
总有效物含量/%	—	≥53
水分和挥发物/%	≤15	≤30
总游离碱（以 NaOH 计）/%	≤0.10	≤0.30
游离苛性碱（以 NaOH 计）/%	≤0.10	
氯化物（以 NaCl 计）/%	≤1.0	
总五氧化二磷/%	≤1.1	
透明度 [(6.50±0.15) mm 切片]/%	≥25	

（三）肥皂和香皂的理化性能指标分析

肥皂和香皂的组成类似，所需检验的理化性能指标基本相同，其检验方法也相同。下面介绍的检验方法既适用于肥皂，也适用于香皂。

1）发泡力

发泡力见附录1（GB/T 7462—1994《表面活性发泡力的测定》）。

2）干钠皂的测定

干钠皂的测定即总碱量和总脂肪物含量的测定。

总碱量是指在规定条件下，可滴定出的所有存在于肥皂中的各种硅酸盐、碱金属的碳酸盐、氢氧化物以及与脂肪酸和树脂相结合成皂的碱量的总和。

总脂肪物是指在规定条件下，用无机酸分解肥皂所得的水不溶物。总脂肪物除脂肪酸外，还包括皂中不皂化物、甘油酯和一些树脂酸。

干钠皂是指总脂肪物的钠盐表示形式。常用萃取法测量肥皂中的总碱量、总脂肪物含量和干钠皂。

（1）测定原理。用已知体积的标准无机酸分解肥皂，用石油醚萃取分离析出的脂肪物，用氢氧化钠标准溶液滴定水溶液中过量的酸，测定总碱量。蒸出萃取液中的石油醚后，将残余物溶于乙醇中，再用氢氧化钾标准溶液滴定中和脂肪酸。蒸出乙醇，称量所形成的皂，进而测定总脂肪物含量。

（2）试剂。丙酮、石油醚的沸程为30～60℃，无残余物；乙醇的体积分数为95%。新煮沸冷却后，用碱中和至对酚酞呈中性；硫酸标准滴定溶液，$c_{1/2H_2SO_4}=1mol/L$，或盐酸标准滴定溶液，$c_{HCl}=1mol/L$；氢氧化钠标准滴定溶液，$c_{NaOH}=1mol/L$；甲基橙指示液；酚酞溶液10g/L；百里酚酞。

（3）仪器。烧杯，100mL分液漏斗，萃取量筒，水浴锅，烘箱。

（4）测定。称取皂样，肥皂5g，（半）透明皂4.5g，香皂4.2g。将皂样溶解于80mL水中，用玻璃棒搅拌使试样完全溶解后，趁热移入分液漏斗或萃取量筒中，用少量的热水洗涤烧杯，洗涤水倒入分液漏斗或萃取量筒中，加入几滴甲基橙溶液，然后一边摇动分液漏斗或萃取量筒，一边从滴定管准确加入一定体积的硫酸或盐酸标准溶液，使其过量约5mL。冷却分液漏斗或量筒内的物料至30～40℃，加入石油醚50mL，盖好塞子，握紧塞子缓慢地倒转分液漏斗或萃取量筒，逐渐打开分液漏斗旋塞或萃取量筒的塞子以释放压力，然后关住，轻轻摇动，再泄压。重复摇动至水层透明，静止分层。

在使用分液漏斗时，将下面的水层放入第二只分液漏斗中，用石油醚30mL萃取，重复上述操作，将水层收集在锥形瓶中，将3次石油醚萃取液合并在第一只分液漏斗中。

在使用萃取量筒时，利用虹吸作用将石油醚层尽可能完全地抽至分液漏斗中。用石油醚50mL重复萃取两次，将3次石油醚萃取液合并于分液漏斗中。将水层尽可能完全地转移到锥形瓶中，用少量水洗涤萃取量筒，洗涤水加到锥形瓶中。

加25mL水摇动洗涤石油醚萃取液多次，直至洗涤液对甲基橙溶液呈中性，一般洗涤2次即可（注：每次洗涤后至少放置5min，等两液层间有清晰的分界面才能放出水层。最后一次洗涤水放出后，将分液漏斗急剧转动，但不倒转，使内容物发生旋动，以除去附在器壁上的水滴）。将石油醚萃取液的洗涤液定量收集入已盛有水层液的锥形瓶中。

（5）总碱量的测定。用甲基橙溶液作指示剂，用氢氧化钠标准滴定溶液滴定酸水层和洗涤水的混合液。

(6) 总脂肪物含量的测定。将水洗过的石油醚溶液仔细地转入已称量平底烧瓶中，必要时经干滤纸过滤，用少量石油醚洗涤分液漏斗 2～3 次，将洗涤液过滤到烧瓶中，注意防止过滤操作时石油醚的挥发，用石油醚彻底洗净滤纸。将洗涤液收集到烧瓶中。

在水浴中使用索氏抽提器几乎抽提掉全部石油醚。将残余物溶解在 10mL 乙醇中，加酚酞溶液 2 滴，用氢氧化钾乙醇标准滴定溶液滴定到稳定的淡粉红色为终点，记下所耗用的体积。

注：如带色皂的颜色会干扰酚酞指示剂的终点，可采用百里香酚蓝作指示剂。

在水浴上蒸出乙醇，当乙醇快蒸干时，转动烧瓶使钾皂在瓶壁上形成一薄层。转动烧瓶，加入丙酮 5mL，在水浴上缓缓转动蒸出丙酮，再重复操作 1～2 次，直至烧瓶口处已无明显的湿痕出现为止。使钾皂预干燥，然后在 (103±2)℃烘箱中加热至恒重，即第一次加热 4h，以后每次加热 1h，于干燥器内冷却后称量，直至连续 2 次称量差不大于 0.003g。

(7) 结果计算。

① 总碱量的计算方法和公式。

a. 肥皂中总碱量对钠皂而言以氢氧化钠的质量分数表示，按下式计算：

$$总碱量(NaOH) = \frac{0.040 \times (V_0 c_0 - V_1 c_1)}{m} \times 100\%$$

b. 肥皂中总碱对钾皂而言以氢氧化钾的质量分数表示，按下式计算：

$$总碱量(KOH) = \frac{0.056 \times (V_0 c_0 - V_1 c_1)}{m} \times 100\%$$

式中　V_0——在测定中加入的酸标准溶液的体积，mL；

c_0——所用酸标准溶液的浓度，mol/L；

V_1——耗用氢氧化钠标准滴定溶液的体积，mL；

c_1——所用氢氧化钠标准滴定溶液的浓度，mol/L；

0.040——实验中以 g 表示的氢氧化钠的毫摩尔质量，g/mmol；

0.056——实验中以 g 表示的氢氧化钾的毫摩尔质量，g/mmol；

m——实验份质量，g。

以 2 次平行测定结果的算术平均值表示至小数点后一位作为测定结果。总碱量也可用每克中的物质的量（mmol/g）表示，具体如下：

$$总碱量 = \frac{V_0 c_0 - V_1 c_1}{m}$$

精密度在重复性条件下获得的两次独立测定结果的绝对差值不大于 0.2%，以大于 0.2%的情况不超过 5%为前提。

② 总脂肪物含量的计算方法和公式。

肥皂中总脂肪物含量和干钠皂含量用质量分数表示，分别用下式计算：

$$干钠皂 = \frac{m_1 - 0.016Vc}{m_0} \times 100\%$$

$$总脂肪物 = \frac{m_1 - 0.038Vc}{m_0} \times 100\%$$

式中　m_1——干钠皂的质量，g；

　　　m_0——实验份质量，g；

　　　V——中和时耗用氢氧化钾乙醇标准滴定溶液的体积，mL；

　　　c——所用氢氧化钾乙醇标准滴定溶液的浓度，mol/L；

　0.038——实验中以 g 表示的钾、氢原子的毫摩尔质量之差（即 0.039～0.001），g/mmol；

　0.016——实验中以 g 表示的钾、钠原子的毫摩尔质量之差（即 0.039～0.023），g/mmol。

以 2 次平行测定结果的算术平均值表示至整数个位作为测定结果。

注：精密度在重复性条件下获得的两次独立测定结果的绝对差值不大于 0.2%，以大于 0.2% 的情况不超过 5% 为前提。

3）乙醇不溶物的测定

乙醇不溶物是指加入肥皂中的难溶于 95% 乙醇的添加物或外来物质，以及配方中的所有物质，如难溶于 95% 乙醇的碳酸盐和氯化物。

注：外来物质可能是无机物（碳酸盐、硼酸盐、过硼酸盐、氯化物、硫酸盐、硅酸盐、磷酸盐、氧化铁等）或有机物（淀粉、糊精、酪蛋白、蔗糖、纤维素衍生物、藻朊酸盐等）。

（1）原理。将肥皂溶解在乙醇中，过滤和称量不溶解残留物。

（2）试剂与仪器。95% 乙醇；锥形瓶，具塞磨口锥形瓶，250mL；回流冷凝器，水冷式，底部具有锥形磨砂玻璃接头与锥形瓶适配；水浴；烘箱，可控制在（103±2）℃。

（3）测定步骤。称取制备好的肥皂样品约 5g（精确至 0.01g）于锥形瓶中，加入 95% 乙醇 150mL，连接回流冷凝器，加热至微沸，旋动锥形瓶，尽量避免物料黏附于瓶底。

在烘箱中于（103±2）℃烘干用于过滤乙醇不溶物的滤纸，烘 1h。在干燥器中冷却至室温，称量（精确至 0.001g），再把它放置于另一个锥形瓶上部的漏斗中。当肥皂完全溶解后，将上层清液倾析到滤纸上，用预先加热近沸的 95% 乙醇倾泻洗涤锥形瓶中的不溶物，再借助少量热乙醇将不溶物转移到滤纸上。用热乙醇洗涤滤纸和残留物，直至滤纸上无明显蜡状物。

操作时最好把锥形瓶连带漏斗放在水浴上，以保持滤液微沸。也可使用单独的保温漏斗。同时用表面皿盖住漏斗，以避免洗液的冷却，且使乙醇蒸汽冷凝至表面皿上再回滴至滤纸上，以起到对滤纸的洗涤作用。先在空气中晾干滤纸，再放入（103±2）℃的烘箱中烘 1h，然后取出滤纸放在干燥器中冷却至室温，称量。重复操作，直至两次相继称量间的质量差小于 0.001g，记下最终质量。

注：某些肥皂特别是含硅酸盐的肥皂，不溶物不能从锥形瓶底完全脱离，此时可用热乙醇充分洗涤残留物后，将滤纸与锥形瓶一同置于（103±2）℃的烘箱中干燥至恒重，但锥形瓶要预先恒重。

（4）结果计算。肥皂中乙醇不溶物的含量 X 以质量分数表示，按下式计算：

$$X = m/m_0 \times 100\%$$

式中　m——残留物的质量，g；

　　　m_0——实验份的质量，g。

以 2 次平行测定结果的算术平均值表示至小数点后一位作为测定结果。

（5）精密度。在重复性条件下获得的两次独立测定结果的相对差值不大于 5％，以大于 5％的情况不超过 5％为前提。

4）乙醇中氯化物含量的测定

（1）原理。分解实验份并过滤分离脂肪酸后，用银量法测定氯化物含量。

（2）试剂和材料。硝酸，如硝酸变黄，应煮沸至无色；硫酸铁（Ⅲ）铵，$c_{Fe_2(SO_4)_3} = 80g/L$ 指示液；硫氰酸铵，$c_{NH_4SCN} = 0.1mol/L$ 标准滴定溶液；硝酸银，$c_{AgNO_3} = 0.1mol/L$ 标准滴定溶液。

（3）仪器。烧杯高型，100mL；单刻度容量瓶 200mL；移液管 100mL；沸水浴；快速定性滤纸。

（4）实验步骤。称取试样约 5g 于烧杯中，称准至 0.01g，用 50mL 热水溶解样品，将此溶液定量地转移至 200mL 容量瓶中，加入硝酸 5mL 及硝酸银标准滴定溶液 25.0mL，将容量瓶置于沸水浴中，直至脂肪酸完全分离且生成的氯化银已大量聚集。用自来水冷却容量瓶及内容物至室温，并以水稀释至刻度，摇匀。通过干燥折叠滤纸过滤，弃去最初的 10mL，然后收集滤液至少 110mL，用移液管移取滤液 100mL 至锥形瓶内，加入硫酸铁铵溶液 2～3mL，在剧烈摇动下，用硫氰酸铵标准滴定溶液滴定至呈现红棕色 30s 不变色为终点。

（5）结果计算。

① 肥皂中氯化物的质量分数，对钠皂而言用氯化钠的质量分数 w_{NaCl} 表示，按下式计算：

$$w_{NaCl} = \frac{0.0585 \times (25c_1 - 2Vc_2)}{m} \times 100\%$$

② 肥皂中氯化物的质量分数，对钾皂而言用氯化钾的质量分数 w_{KCl} 表示，按下式计算：

$$w_{KCl} = \frac{0.0746 \times (25c_1 - 2Vc_2)}{m} \times 100\%$$

式中：c_1——硝酸银标准溶液的摩尔浓度，mol/L；

　　　c_2——硫氰酸铵标准滴定溶液的摩尔浓度，mol/L；

　　　V——耗用硫氰酸铵标准滴定溶液的体积，mL；

　　　0.0585——实验中以 g 表示的氯化钠的毫摩尔质量，g/mmol；

　　　0.0746——实验中以 g 表示的氯化钾的毫摩尔质量，g/mmol；

　　　m——实验份的质量，g。

以 2 次平行测定结果的算术平均值表示至小数点后一位作为测定结果。

注：精密度在重复性条件下获得的两次独立测定结果的相对差值不大于 0.05％，以大于 0.05％的情况不超过 5％为前提。

5）肥皂中游离苛性碱含量的测定

游离苛性碱一般指氢氧化钠或氢氧化钾。由于肥皂大多数是通过中和法（即将脂肪酸和碱直接反应）制得的，而且在制取皂基的过程中还需要碱析，因此肥皂中常残留一些游离碱。适量的游离碱可以防止肥皂酸败，但过量则会增加肥皂的刺激性。所以肥皂中游离苛性碱含量是肥皂的必检项目之一。本实验参照轻工行业标准《肥皂实验方法-肥皂中游离苛性碱含量的测定》（QB/T 2623.1—2003），采用滴定法测定肥皂中游离苛性碱的含量。

（1）原理。将肥皂溶解于中性乙醇中，然后用盐酸乙醇标准滴定溶液滴定游离苛性碱。

（2）试剂和材料。无水乙醇；氢氧化钾乙醇溶液（$c_{KOH}=0.1mol/L$）；酚酞溶液，1g 酚酞溶于 100mL95％乙醇中；盐酸的乙醇溶液（$c_{HCl}=0.1mol/L$）。

① 配制量取浓盐酸 9mL，注入 1000mL95％乙醇中，摇匀。

② 标定称取于 270～300℃灼烧至恒重的无水碳酸钠 0.2g（精确至 0.001g），溶于 50mL 水中，加溴甲酚绿-甲基红混合指示液 10 滴，用配制好的盐酸溶液滴定至溶液由绿色变为酒红色，煮沸 2min 冷却后，继续滴定至溶液再呈酒红色为终点。同时做空白实验。盐酸乙醇溶液的浓度按下式计算：

$$c_{HCl} = \frac{m}{(V_1 - V_2) \times 0.052\,99}$$

式中：c_{HCl}——盐酸乙醇标准滴定溶液的物质的量浓度，mol/L；

　　　V_1——盐酸乙醇标准滴定溶液用量，mL；

　　　V_2——空白实验盐酸乙醇标准滴定溶液用量，mL；

　　　0.052 99——与 1.00mL 盐酸标准滴定溶液（$c_{HCl}=1.0mol/L$）相当的以 g 表示的无水碳酸钠的质量，g/mmol；

　　　m——无水碳酸钠质量，g。

（3）仪器。锥形瓶，配回流冷凝器，250mL；回流冷凝器，6 个球；封闭电炉。

（4）试样的制备和保存。将供实验用的肥皂样品，通过每块的中间互相垂直切 3 刀分成 8 份，取斜对角的两份切成薄片、粉碎，充分混合，装入洁净、干燥、密封的容器内备用。

（5）测定步骤。称取试样约 5g（精确至 0.001g）于锥形瓶中，在一空锥形瓶中加入无水乙醇 150mL，连接回流冷凝器。加热至微沸，并保持 5min，驱赶二氧化碳。移去冷凝器，使其冷却至约 70℃。加入酚酞指示剂 2 滴，用氢氧化钾乙醇溶液中和至溶液呈淡粉色。

将上述处理好的乙醇倾入盛实验份的锥形瓶中，连接锥形瓶与回流冷凝器。缓缓煮沸至肥皂完全溶解，使其冷却至约 700℃。以盐酸乙醇标准滴定溶液滴定至呈现淡粉色为终点，维持 30s 不褪色。

（6）结果计算。肥皂中游离苛性碱的质量分数，用氢氧化钠的质量分数 w_{NaOH} 表示，按下式计算：

$$w_{NaOH} = \frac{0.040Vc}{m} \times 100\%$$

式中　V——耗用盐酸乙醇标准滴定溶液的体积，mL；

　　　c——盐酸乙醇标准滴定溶液的浓度，mol/L；

　　　0.040——实验中以 g 表示的氢氧化钠的毫摩尔质量，g/mmol；

　　　m——实验份的质量，g。

以 2 次平行测定结果的算术平均值表示至小数点后两位作为测定结果。

（7）精密度。在重复性条件下获得的两次独立测定结果的绝对差值不大于 0.04％，以大于 0.04％的情况不超过 5％为前提。

6）肥皂中总游离碱含量的测定

肥皂中的总游离碱是指游离苛性碱和游离碳酸盐类碱的总和。肥皂中保留适量的游离碱对去污、防止腐败都是有益处的。但是若超过一定的限度，肥皂本身无法容纳，会移动到肥皂表面，出现"冒白霜"现象，同时会使肥皂出现表面粗糙、开裂等。

本实验介绍了采用返滴定法测定肥皂中总游离碱含量的原理和步骤，参照轻工行业标准《肥皂实验方法-肥皂中总游离碱含量的测定》（QB/T 2623.2—2003）。本方法适用于普通性质的香皂和肥皂，不适用于复合皂，也不适用于含有按规定程序会被硫酸分解的添加剂（如碱性硅酸盐等）的肥皂。

（1）原理。将肥皂溶解于乙醇溶液中，用已知的过量酸溶液中和游离碱，然后用氢氧化钾乙醇溶液回滴过量的酸。

（2）试剂与材料。95％乙醇新煮沸后冷却，以碱中和至酚酞指示剂呈现淡粉色；硫酸 $c_{1/2H_2SO_4} = 0.3mol/L$ 标准滴定溶液；氢氧化钾 $c_{KOH} = 0.1mol/L$ 乙醇标准滴定溶液；酚酞 10g/L 指示液；百里香酚蓝 1g/L 指示液。

（3）仪器。普通实验室仪器和以下所列仪器。

锥形瓶，250mL，具有锥形磨口；回流冷凝器，水冷式，下部带有锥形磨砂接头；微量滴定管，10mL。

（4）实验步骤。称取制备好的实验样品约 5g（精确至 0.001g）至锥形瓶中。加乙醇 100mL 至样品中，连接回流冷凝器。徐徐加热至肥皂完全溶解，然后精确加入硫酸标准溶液 10.0mL（对有些总游离碱含量高的皂样，硫酸标准滴定溶液体积可适当增加），并保持微沸至少 10min。稍冷后，趁热加入酚酞指示剂 2 滴，用氢氧化钾乙醇标准溶液滴定至呈现淡粉色为终点，保持 30s 不褪色（若带色皂的颜色会干扰酚酞指示剂的终点，可采用百里香酚蓝作指示剂）。

同一样品进行双样平行测定。

（5）结果计算。肥皂中总游离碱的质量分数对钠皂而言用氢氧化钠的质量分数 w_{NaOH} 表示，按下式计算：

$$w_{NaOH} = [0.040 \times (V_0 c_0 - V_1 c_1)] m \times 100\%$$

肥皂中总游离碱的质量分数对钾皂而言用氢氧化钾的质量分数 w_{KOH} 表示，按下式计算：

$$w_{KOH} = [0.056 \times (V_0 c_0 - V_1 c_1)] m \times 100\%$$

式中　V_0——在测定中加入的硫酸标准溶液的体积，mL；

c_0——所用硫酸标准溶液的浓度，mol/L；

V_1——耗用氢氧化钾乙醇标准滴定溶液的体积，mL；

c_1——所用氢氧化钾乙醇标准滴定溶液的浓度，mol/L；

0.040——实验中以 g 表示的氢氧化钠的毫摩尔质量，g/mmol；

0.056——实验中以 g 表示的氢氧化钾的毫摩尔质量，g/mmol；

m——实验份质量，g。

以 2 次平行测定结果的算术平均值表示至小数点后 2 位作为测定结果。

（6）精密度。在重复性条件下获得的两次独立测定结果的绝对差值不大于 0.05%，以大于 0.05% 的情况不超过 5% 为前提。

7）肥皂中不皂化物与未皂化物的测定

肥皂中的不皂化物是指油脂中所含脂肪酸以外的脂肪成分，如甾族化合物（胆固醇、维生素 D）、萜烯类（类胡萝卜素、维生素 A 等）。这些成分不与碱发生中和或皂化反应，是肥皂中的杂质，会使肥皂的质量降低。若油脂中含有 1% 以上的不皂化物，则不能作为制取肥皂的原料。

未皂化物是指在制造过程中未被完全皂化的游离脂肪酸。未皂化物的存在，是导致肥皂酸败的主要原因。本实验介绍萃取法测定肥皂中的不皂化物和未皂化物的含量，参照轻工行业标准《肥皂实验方法-肥皂中不皂化物和未皂化物的测定》（QB/T 2623.7—2003）。

（1）原理。萃取石油醚可溶物，然后用氢氧化钾溶液滴定萃取出的游离脂肪酸，将中和过的石油醚溶解物皂化，再用石油醚萃取不皂化物。

（2）试剂与材料。95% 乙醇新煮沸后稍冷，以氢氧化钾乙醇标准滴定溶液中和至酚酞呈现淡粉色；碳酸氢钠溶液（10g/L）；石油醚馏沸程 30～60℃，无残余物，或正己烷（工业级）；氢氧化钾（c_{KOH}=0.01mol/L）乙醇标准滴定溶液；氢氧化钾（2mol/L）乙醇溶液；酚酞（10g/L）指示液。

（3）仪器。烧杯，250mL；分液漏斗，125mL、500mL；磨口锥形瓶，100mL、250mL，带有回流冷凝器可与 250mL 锥形瓶适配；微量具塞滴定管，5mL；量筒，10mL、50mL；称液管，10mL。

（4）测定步骤。称取肥皂样品 10g 于 250mL 烧杯中，精确至 0.001g，加入中性乙醇 80mL 和碳酸氢钠溶液 70mL，加热，使肥皂溶解（加热温度不高于 70℃）。

待肥皂完全溶解后，冷却溶液，将溶液定量地转移到 500mL 分液漏斗中，用等体积中性乙醇和碳酸氢钠溶液的混合液冲洗烧杯数次，洗液并入分液漏斗中。每次加入石油醚或正己烷 70mL 剧烈振摇，萃取 3 次。合并萃取液，必要时过滤，再用等体积中性乙醇和水的混合液洗涤萃取液，直至对酚酞呈中性，每次用 50mL，一般洗涤 3 次。将萃取液定量转移到 250mL 锥形瓶中，该锥形瓶已预先在（103±2）℃烘箱中干燥，在干燥器中冷却，称量。重复操作，直至两次相继称量间的质量差不大于 0.002g。

注：皂样溶液中若有 Na_2SiO_3 析出，其萃取液浑浊，在合并前应予以过滤。

在 70～80℃ 热水浴中蒸去溶剂，将烧瓶和残余物放在（103±2）℃烘箱中烘 1h 后放在干燥器中冷却，称量（精确至 0.002g），再放入（103±2）℃烘箱中干燥 10min，冷却，称量。

重复操作，直至相继两次称量之差不大于 0.002g，记录为 m_1。

用移液管移取中性乙醇 10mL 至锥形瓶中，微热溶解残余物，以酚酞溶液作指示剂，以氢氧化钾乙醇标准滴定溶液滴定游离酸至溶液呈现淡粉红色为终点，记录耗用的标准滴定溶液体积。

用量筒加入氢氧化钾乙醇溶液 10mL，装上回流冷凝器，将溶液加热，回流 30min，然后加入与溶液等体积的水，将溶液定量转移至 125mL 分液漏斗中，用几毫升中性乙醇和水的混合液（1:1）冲洗锥形瓶，洗涤液并入分液漏斗。每次用石油醚或正己烷 10mL 萃取 3 次，合并萃取液，每次用中性乙醇和水的混合液（体积比 1:1）10mL 洗涤萃取液，直至对酚酞呈中性，一般洗涤 3 次即可。将此溶液定量地转移到已在（103±2）℃烘箱中烘干，并在干燥器中冷却后称量（精确至 0.002g）的 100mL 锥形瓶中，在 70~80℃水浴中，蒸去溶剂。

如前，在（103±2）℃烘箱中干燥锥形瓶和残余物，在干燥器中冷却，称量。重复操作，直至相继两次称量之差不大于 0.002g，记录为 m_2。

(5) 结果计算。肥皂中不皂化物和未皂化物含量 X_1，以质量分数表示，按下式计算：

$$X_1 = \frac{m_1 - \dfrac{cVM}{1000}}{m_0} \times 100\%$$

肥皂中不皂化物的含量 X_2，以质量分数表示，按下式计算：

$$X_2 = \frac{m_2}{m_0} \times 100\%$$

肥皂中未皂化物的含量 X_3，以质量分数表示，按下式计算：

$$X_3 = \frac{m_1 - \dfrac{cVM}{1000} - m_2}{m_0} \times 100\%$$

式中　c——滴定第一次萃取物所用的氢氧化钾乙醇标准滴定溶液浓度，mol/L；

V——滴定第一次萃取物所用的氢氧化钾乙醇标准滴定溶液体积，mL；

M——肥皂中脂肪酸的摩尔质量，g/mol；

m_1——第一次萃取物质量，g；

m_2——第二次萃取物质量，g；

m_0——实验份的质量，g。

注：肥皂中的脂肪酸摩尔质量 M，一般用油酸摩尔质量代替，即 282g/mol。有特殊需要时可通过将除去不皂化物及未皂化物后的皂液，用无机酸酸化，再用标准碱溶液滴定析出的脂肪酸来测得。2 次测定结果之差，应不大于 0.05%；以 2 次平行测定结果的算术平均值表示至小数点后两位作为测定结果。

(6) 精密度。在重复性条件下获得的两次独立测定结果的绝对差值不大于 0.05%，以大于 0.05% 的情况不超过 5% 为前提。

8) 肥皂中水分和挥发物含量的测定

本实验介绍用烘箱法测定肥皂中的水分和挥发物含量的方法和原理。本方法适用于测定肥皂在 (103±2)℃加热条件下失去的水分以及其他物质，不适用于复合皂。本方法参照轻工行业标准《肥皂实验方法-肥皂中水分和挥发物含量的测定烘箱法》(QB/T 2623.4—2003)。

(1) 原理。在规定温度下，将一定量的试样烘干至恒重，称量减少量。

(2) 仪器。普通实验仪器和以下所列仪器。

蒸发皿或结晶皿，φ6～8cm，深度 2～4cm；玻璃搅拌棒；硅砂，粒度 0.425～0.180mm，40～100 目，洗涤并灼烧过；烘箱，可控制温度在 (103±2)℃；干燥器，装有有效的干燥剂，如五氧化二磷、变色硅胶等，但不应使用氯化钙。

(3) 实验步骤。将玻璃棒置于蒸发皿中，如果待分析的样品是软皂或在 (103±2)℃时会熔化的皂，则在蒸发皿中再放入硅砂 10g。将蒸发皿连同搅拌棒，根据需要加砂或不加砂，放入控温于 (103±2)℃的烘箱内烘干。然后放入干燥器中冷却 30min 并称量。

称取试样约 5g，精确至 0.01g。将样品放入蒸发皿中，如加有砂，则用搅拌棒混合，放入控温于 (103±2)℃的烘箱中。1h 后从烘箱中取出冷却，用搅拌棒压碎使物料呈细粉状，再置于烘箱中，3h 后，取出蒸发皿，置于干燥器内，冷却至室温，称量。重复操作，每次置于烘箱内 1h，直至连续两次称量的质量差小于 0.01g 为止。同一样品进行 2 次平行测定。记录最后称量的结果。

(4) 结果计算。肥皂中水分和挥发物的含量 X，以质量分数表示，按下式计算：

$$X = \frac{m_1 - m_2}{m_1 - m_0} \times 100\%$$

式中　m_1——蒸发皿搅拌棒（及砂子）和实验份加热前的质量，g；

　　　m_2——蒸发皿搅拌棒（及砂子）和实验份加热后的质量，g；

　　　m_0——蒸发皿搅拌棒（及砂子）的质量，g。

以两次平行测定结果的算术平均值表示至整数个位作为测定结果。

(5) 精密度。在重复性条件下获得的两次独立测定结果的绝对差值不大于 0.25%，以大于 0.25% 的情况不超过 5% 为前提。

 思考题

试用质量指标评价一下自己的产品。若一直不合格，则从配方和制备过程中分析查找原因。

 能力评价

专业能力评价表见表 2.29。

表 2.29　专业能力评价表

任务名称	会/不会	熟练程度	个人自评	小组互评	教师评价	总评
肥皂主要有哪几部分原料构成						
常见原料的特点						
油脂配方的原则						
通过配方原则自拟一肥皂油脂配方						
清洁、清扫（实验室仪器药品、实验台台面、地面、水槽）						
实验仪器、台面等整理						
是否能够遵守相关设备的安全操作规程						
分析产品生产过程中出现的问题						
分析影响皂类产品质量的因素						
用 6S 理念制定该生产的操作规范						
是否能够读懂标准并按标准要求准备实验						
是否能够按照标准正确操作						
如产品指标不符合要求，是否能够查找并分析原因						

方法、社会能力评价表，见表 2.30。

表 2.30　方法、社会能力评价表

能力项目	个人自评	小组互评	教师评价	提升情况总评
方法能力				
自学能力				
启发和倾听他人想法的能力				
口头表达能力				
书面表达能力				
团队协作精神				

项目3　加入物法工艺皂类生产技术

★任务 3.1　固体酒精的制备

【学习目标】

(1) 了解"加入物法"生产皂类产品中脂肪酸盐的功能。

(2) 能够识别一些工艺皂中常用的原料。

(3) 能利用原料设计一些常用的固体酒精、固体香薰配方。

【任务分析】

(1) 通过课前预习教材、参考资料，能通过液体物理变化成为固体产品的基本原理认识这类产品及所用原料，并了解这些原料的用途。

(2) 了解配方及其他原料对固化产品外观及性能的影响，能够根据要求设计简单的产品配方（见表3.1和表3.2）。

表 3.1　常见原料的用途

原料名称	作用
硬脂酸	
虫胶片	
硝酸铜	
酒精	
石蜡	

表 3.2　某固体酒精的配方

原料名称				
加入量/%				

(3) 了解固体酒精制备的基本原理。

例 3.1　某品牌固体酒精制备的配方见表3.3。

表 3.3　某品牌固体酒精制备的配方

原料	硬脂酸	氢氧化钠	酒精	硝酸铜	水
加入量	5g	2g	100mL	少量	余量

仪器：三颈烧瓶（250mL），回流冷凝管，电热套，天平，烧杯。

试剂：硬脂酸（化学纯），工业酒精（90%），氢氧化钠（分析纯），酚酞（指示剂），硝酸铜（分析纯）。

实验步骤

① 反应溶液的配制，用蒸馏水将硝酸铜配成10%的水溶液，备用——1号；将氢氧化钠配成8%的水溶液，然后用工业酒精稀释成1：1的混合溶液，备用——2号；将1g酚酞溶于100mL60%的工业酒精中，备用——3号。

② 分别取5g工业硬脂酸、100mL工业酒精和2滴酚酞置于250mL的三颈烧瓶中，装置搭置如图3.1所示，水浴加热，搅拌，回流。维持水浴温度在70℃左右，直至硬脂酸全部溶解后，立即滴，加2号溶液，滴加速度先快后慢，滴至溶液颜色由无色变为浅红又立即褪掉为止。继续维持水浴温度在70℃左右，搅拌，回流反应10min后，一次性加入2.5mL10%硝酸铜溶液再反应5min后停止加热，冷却至60℃，再将溶液倒入模具中，自然冷却后得蓝绿色的固体酒精。

注意事项：硬脂酸加入酒精中加热至60~70℃，必须待硬脂酸完全溶解成透明溶液时，再慢慢滴加氢氧化钠和酒精混合溶液，在30min内滴加完全，使反应保持微沸回流，冷却至50~60℃，再将溶液倒入模具，最后获得均匀、半透明的固体酒精；在配方中添加硝酸铜是为了燃烧时改变火焰的颜色，使其美观，有欣赏价值，还可以添加溶于酒精的燃料制成各种颜色的固体燃料。

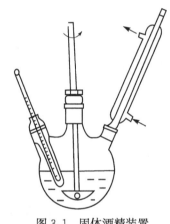

图3.1 固体酒精装置

 相关知识

酒精学名乙醇，燃烧时无烟无味，安全卫生，但由于是液体，较易挥发，携带不便，如制成固体酒精，则降低了挥发性且易于包装和携带，使用更加安全。

固体酒精：又称为可燃的"胶冻"，固体酒精并不是固体状态的酒精（酒精的熔点很低，是-117.3℃，常温下不可能是固体），实际是含有酒精的燃烧块。该产品制备的主要思路是让酒精从液体变成固体，是一个物理变化过程，其主要成分仍是酒精，化学性质不变。它是在工业酒精中加入凝固剂使之成为固体型态，使用时用火柴即可点燃，燃烧时无烟尘、无毒、无异味，火焰温度均匀，温度可达到600℃。每250g可以燃烧1.5h以上，比使用电炉、酒精炉节省费用、方便、安全。因此，是一种理想的方便燃料。

固体酒精的制作方法有很多，下面做简要论述。

方法一：将1.5g硬脂酸（十八酸）加热到70℃融化，再倒入30mL95%的酒精形成溶液，接着加入40%NaOH溶液2.5mL即可。其原理是硬脂酸被NaOH中和生成硬脂酸钠，而硬脂酸钠不溶于酒精会析出，但硬脂酸钠析出过程中会与酒精一起形成胶块，这种胶块为网状多孔结构，其间充满了酒精，经测定25g这样的固体酒精烧开500g水只需要6min，完全燃烧可达12min。

方法二：①在烧杯中加入20mL蒸馏水，再加入适量的醋酸钙，制备醋酸钙饱和溶液；②在大烧杯中加入80mL酒精，再缓慢加入15mL饱和醋酸钙溶液，用玻璃棒不断搅拌，烧杯中的物质在开始时出现浑浊，继而变稠并不再流动，最后成为冻胶状；③取出胶冻，捏成球状，放在蒸发皿中点燃，胶冻立即着火，并发出蓝色火焰；④将50mL酒精置于烧杯中加热到60℃，然后加入5g硬脂酸，搅拌后，再加入适量的氢氧化钠固体，使之形成透明液体，随后将混合液趁热倒入一个模具内冷却，可以形成具有一定形状的蜡状固体。这个方法的实验原理是利用酒精与水可以任意比例混溶，而醋酸钙只溶于水不溶于酒精。当饱和醋酸钙溶液注入酒精时，饱和溶液中的水溶解于酒精中，致使醋酸钙从酒精溶液中析出，呈半固态的胶状物——"胶冻"，酒精填充其中。点燃胶状物时，酒精便燃烧。

方法三：称取0.8g（0.02mol）氢氧化钠，迅速研成小颗粒，加入250mL的烧杯中，再加入1g虫胶片、80mL酒精和数粒小沸石，装置回流冷凝管，水浴加热回流至固体全部溶解为止；在100mL烧杯中加入5g（约0.02mol）硬脂酸和20mL酒精，在水浴上温热硬脂酸全部溶解，然后从冷凝管上端将烧杯中的物料加入含有氢氧化钠、虫胶片和酒精的三颈烧瓶中，摇动使其混合均匀；回流一定时间后移去水浴，反应混合物自然冷却，待降温到50℃时倒入模具中，加盖避免酒精挥发，冷至室温后完全固化，从模具中取出即得到成品。

方法四：向250mL三颈烧瓶中加入9g（约0.035mol）硬脂酸、2g石蜡、50mL酒精和数粒沸石，装置回流冷凝管，摇匀，在水浴上加热至约60℃并保温至固体全部溶解；将1.5g（约0.037mol）氢氧化钠和13.5g水加入100mL烧杯中，搅拌溶解后再加入25mL酒精，摇匀，将碱液加进含硬脂酸、石蜡、酒精的三颈烧瓶中，在水浴上加热回流15min使反应完全，移去水浴，待物料稍冷停止回流，趁热倒入模具，冷却后取出成品，进行燃烧实验。

方法三和方法四的反应原理如下：硬脂酸钠受热软化，冷却后又重新固化，将液态酒精与硬脂酸钠搅拌共热，冷却后硬脂酸钠将酒精包含其中，成为固状产品。配方中加入虫胶片，石蜡作为黏结剂，可得到质地更加结实的固体酒精。同时可以助燃，使其燃烧得更加持久，并释放更多的热量。

由上所述，固体酒精的制备原理简单讲就是用一种可凝固的物质来承载酒精，包容其中，使其具有一定的形状和硬度。与固体酒精制备原理类似的产品还有固体香薰等，除了"承载物质"之外，该类产品里面还会加入香精和色素等，以改善产品的气味、色泽等观感。

思考题

试论述固体酒精制备过程中氢氧化钠的加入量不足或过量，会给最终产品带来什么

影响?

★任务 3.2 常用原料的认知

【学习目标】

(1) 了解皂类产品脂肪酸、三乙醇胺、糖及其他原料功能。

(2) 能够识别一些常用的原料。

(3) 能利用原料设计一些常用的工艺皂配方。

【任务分析】

(1) 通过课前预习教材、参考资料,了解加入物法生产工艺皂的相关知识内容,认识生产该类产品都需用哪些原料,并了解这些原料的用途。

(2) 认识配方对皂类产品外观及性能的影响,能够根据要求设计简单的产品配方,完成表3.4。某品牌甜杏仁羊乳皂配方见表3.5。

表 3.4 原料用途

原料名称	用途
基础油	
脂肪酸	
糖	
AOS	
三乙醇胺	

表 3.5 某品牌甜杏仁羊乳皂配方(适合幼儿肌肤及干燥肌肤)

原料	棕榈核油	白油	碱	甜杏仁油	水
加入量/g	108	60	84	432	240

 相关知识

加入物法生产皂类产品,由于其制作方法相对简单,而外观要求和产品使用功能性要求均较高,因此用到的原材料种类较多。下面对原材料进行简单介绍。

1. 固化原材料

1) 椰子油

制作手工皂不可缺少的油脂之一。其富含饱和脂肪酸,可以制作出洗净力强,泡沫丰富,颜色雪白、质地坚硬,适合硬水区使用的皂。缺点是由于洗净力强会带来皮肤的干涩感,因此用量不宜过高。另外,椰子油属于硬油的一种,秋冬季气温下降的时候,就会呈现固态，所以，请注意保存在合适的容器里，以方便使用。

2）棕榈油

棕榈油是手工皂必备的油脂之一，含有相当高的棕榈酸及油酸，可做出对皮肤温和、清洁力好又坚硬、厚实的香皂。缺点是没什么泡沫，因此一般搭配椰子油使用使以使皂质地厚实且不易软烂。棕榈核油一般作为椰子油的替代品，性质类似椰子油但比椰子油更加温和。红棕榈油含有天然的色素—橘红色和丰富的胡萝卜素，代替棕榈油用于护肤品。除此之外，其还含有维生素 E 不易氧化酸败，常用于洗发水和洁面产品。

2. 基础油

基础油（base oil 或是 carrier oil）也有人称为媒介油或是基底油。单方精油无法直接抹在皮肤上，它们必须在基础油中稀释后，才可以广泛地用在我们人体的皮肤上。基础油是从植物的种子、花朵、根茎或果实中萃取的非挥发性油脂，可润滑皮肤，能直接用于皮肤按摩，很多基础油本身就具有医疗的效果。从生长在世界各地的植物种子里，我们可以制造出各种的植物油。例如，我们熟知的大豆油、花生油、橄榄油主要是为了食用，是营养和精力的良好来源，身体有了它就能产生热量。由于加入物法生产的皂类产品，紧密度低，添加功能性原料方便，因此用此方法生产的美容皂，往往加入基础油来增加其功效。

芳香疗法使用的基础油是以冷压萃取得来（在 60℃ 以下处理），而食用的植物油，如平时在超级市场的货架上所看到的食用油——大豆油是以 200℃ 以上的高温萃取而来。冷压萃取的植物油可以将植物中的矿物质、维生素、脂肪酸，保存良好不流失，具有优越的滋润滋养特质。

可用来作为基础油的植物油，必须是不会挥发且未经过化学提炼的植物油，例如，甜杏仁油、杏桃仁油、酪梨油、荷荷芭油、小麦胚芽油等，这类油脂含有维生素 D、维生素 E 与碘、钙、镁、脂肪酸等，可用于稀释精油，并协助精油迅速被皮肤吸收。而一般的食用油通常经过高温提炼，已经失去天然养分，不适合当作芳香疗法用的基础油。

1）玫瑰果油

玫瑰果油主要成分由多种不饱和脂肪酸、维生素 C、果酸、软硬酯酸、亚麻油及阳光过滤因子组成，呈深黄或淡褐色，具有淡淡的苦味。玫瑰果油易渗透真皮层，能够强化组织功效，活络组织。因此其不仅具有保湿、促进肌肤光滑美白的作用，还可以帮助细胞再生，皮肤修护及愈合；它能使皮肤色素淡化，重现均匀色调，使皮肤平滑。它能保持皮肤清洁，柔软、嫩滑、湿润、紧缩，结实，富有弹性、丰丽的作用。特别对一般粗糙皮肤更见功效。

2）小麦胚芽油

小麦胚芽油含丰富高单位维生素 E，是著名的天然抗氧剂，平皱保湿效果卓越；能稳定精油，与其他植物油混合使用，可防止混合油变质，延长调和油的保鲜期，使效果更加持久；同时蛋白质含量丰富，含人体必需的 8 种氨基酸，能保持皮肤弹性和光泽，最适合衰老、干燥、粗糙、色素沉着的女性护肤或美体使用。能由内而外改善皮肤。

3）葡萄籽油

葡萄籽油最为称道的是含有两种重要的元素，亚麻油酸（linoleic acid）以及原花色素（oligoproanthocyanidin，简称OPC）。亚麻油酸是人体必需而又为人休所不能合成的脂肪酸，可以抵抗自由基、抗老化、帮助吸收维生素C和维生素E、强化循环系统的弹性、降低紫外线的伤害，保护肌肤中的胶原蛋白、改善静脉肿胀与水肿，以及预防黑色素沉淀；OPC具有保护血管弹性、阻止胆固醇囤积在血管壁上及减少血小板凝固。对于皮肤，原花青素可以保护皮肤免于紫外线的荼毒、预防胶原纤维及弹性纤维的破坏，使肌肤保持应有的弹性及张力，避免皮肤下垂及皱纹产生。葡萄籽中还含有许多强力的抗氧化物质，如牻牛儿酸、肉桂酸与香草酸等。

葡萄籽油渗透力强，适合细嫩敏弱、油性、面疱皮肤。其含丰富维生素、矿物质、蛋白质，能增强肌肤的保湿效果，同时可润泽、柔软肌肤，质地清爽不油腻，易为皮肤吸收。由于其温柔容易吸收，渗透力强，清爽不油腻等特性，是十分理想的全身用油。

4）甜杏仁油

甜杏仁油是中性不油腻的基础油，富含多元不饱和脂肪酸、蛋白质、矿物质、维生素A、维生素B_1、维生素B_2、维生素D、维生素E、糖类化合物及脂肪酸、蛋白质等，呈淡黄色，稍有味道。其具有良好的亲肤性并质地温和，入皂后能产生棉柔细密的泡泡，改善皮肤干燥发痒的皮肤敏感问题，适合娇嫩肤质。不仅如此，其对面疱和富贵手等敏感肌肤具有修护功效，对于舒缓痒、红肿与干燥有帮助，适用于做乳液和乳霜等修护护肤品，也可制作温和保湿的卸妆油。质地轻爽柔软、滋润而不油腻。

5）霍霍巴油

霍霍巴油富含矿物质、维生素、蛋白质、类胶原蛋白、植物腊等，呈黄色，无任何味道。荷荷芭油具有良好的渗透性，分子排列和人的油脂非常类似，是稳定性高、延展性佳的基础油。适合油性及发炎、湿疹、干癣、面疱皮肤。与此同时，在防止头发晒伤及柔软头发外，还可帮助头发乌黑及预防分叉，可以改善粗糙的发质，是头发用油的最佳选择。

6）橄榄油

橄榄油是手工皂最基础的油脂之一。主要成分由单不饱和酸、多不饱和酸、饱和脂肪酸、蛋白质，维生素E组成，呈淡黄色，温和不刺激，但有一些苦味。橄榄油入皂后皂性温和，提供天然的保湿成分。除了与其他油脂混合之外，也适合做100%纯橄榄皂，洗起来非常滋润，泡沫少但泡沫持久，适用于干性皮肤或婴儿用皂，油性肌肤不适用（可能会长痘）。橄榄油具有长效保湿和温和滋润效果，有治愈修复肌肤的作用。其适合制作卸妆油、乳液和乳霜等护肤品，在肌肤表面形成保护膜，深层滋润效果。芳香疗法用的橄榄油则必须经过冷压萃取过，刺激性极低，对阳光晒伤有缓和功能，由于其气味的影响，在芳香疗法上，目前仅用于减肥、老化、晒伤及各种风湿、关节扭伤。

3. 精油

精油（essentialoil）又名香精油、挥发油、芳香油，它是从芳香植物的花、叶、根、皮、茎、枝、果实、种子等部分，采用蒸馏、压榨、萃取、吸附等方法制得的具有特征香气的油状物质。它们是许多化合物的混合物，主要有萜烯烃类、芳香烃类、醇类、醛类、酮类、醚类、酯类和酚类等。精油未经稀释一般不宜直接使用。精油是高挥发性的，由萜烯类、醛类、酯类、醇类等化学分子组成。因为高流动性，所以称为"油"，但是和我们日常见到的植物油有本质的差别。精油的挥发性很强，一旦接触空气就会很快挥发，也基于这个原因，精油必须用可以密封的瓶子储存，一旦开瓶使用，要尽快盖回盖子。

精油产自芳香植物（aromatic herbst），但并不是所有的植物都能产出精油，只有那些含有香脂腺的植物才能产出精油。不同植物的香脂腺分布有区别，如花瓣、叶子、根茎或树干上。将香囊提炼萃取后，即成为我们所称的"植物精油"。精油里包含很多不同的成分，有的精油，如玫瑰精油，可由 250 种以上不同的分子结合而成。精油具有亲脂性，很容易溶在油脂中，因为精油的分子链通常比较短，这使得它们极易渗透于皮肤，且通过皮下脂肪下丰富的毛细血管而进入体内。精油由一些很小的分子所组成，这些高挥发物质，可由鼻腔呼吸道进入身体，将信息直接送到脑部，通过大脑的边缘系统，调节情绪和身体的生理功能。所以在芳香疗法中，精油可强化生理和心理的机能。每一种植物精油都由一个化学结构来决定它的香味、色彩、流动性和它与系统运作的方式，也使得每一种植物精油各有一套特殊的功能特质。

纯精油因为含有多种不同的化学成分，大部分不能直接大量用在皮肤上，而是通过一定比例稀释后在基础油中使用。

精油分四个等级：第一级（A）纯精油；第二级（B）食品级；第三级（C）香水级；第四级（D）香醍露、纯露或花水。

纯精油（A）级精油是纯医疗等级质量（最高等级），是由天然有机植物在适当的温度下用水蒸气蒸馏的。

食品级（B）级香精油是食品级，含有合成材料、农药、化肥、化学/合成剂或媒介油（基础油）。

香水级（C）级精油通常是用化学溶剂混合而成的香精或香水。一般说来，香水的浓度含量主要有五个等级，分别如下：

香精（parfume）：浓度在 20％以上。

香水（Eau de Parfume）：浓度为 10％～20％。

淡香水（eau de toilette）：浓度为 5％～12％。

古龙水（eau de cologen）：浓度只有 3％～6％。

清香水（eauFraiche）：浓度只有 1％～2％。

纯露或花水是指精油在蒸馏萃取过程中，在提炼精油时分离出来的一种 100％饱和的蒸馏原液，天然纯净、温和亲肤。

精油可由 50～500 种不同的分子结合而成。在大自然的安排下，这些分子以完美的比例共同存在着，使得每种植物都有其特殊性，纯天然的植物精油具有以下主要功能：气味芬芳，自然的芳香经由嗅觉神经进入脑部后，可刺激大脑前叶分泌出内啡肽及脑啡肽两种激素，使精神呈现最舒适的状态。而且不同的精油可互相组合，调配出自己喜欢的香味，且不会破坏精油的特质，反而使精油的功能更强大。

精油本身具有防传染病，对抗细菌、病毒、霉菌，可防发炎，防痉挛，促进细胞新陈代谢及细胞再生功能。且某些精油能调节内分泌器官，促进激素分泌，让人体的生理及心理活动，获得良好的发展。

精油有如下特点：

（1）无香精，但有香味，只使用天然香精油或天然植物萃取精华的原味，代替人工合成香精，因此质纯、温和、芳香怡人，有芳香疗法的效果，不刺激皮肤。

（2）不含化学色素，但有颜色，只是以天然植物或生化萃取之原色代替。

（3）不含防腐剂，以天然的维生素 A 和维生素 E、小麦胚芽油、红萝卜油为抗氧化剂，可防止产品腐坏。

（4）不含矿物油脂，全都使用植物性透气脂或不油腻的透气性脂，代替过度油腻的矿物油、羊毛油，使用后滋润，吸收很快。

（5）无引起过敏的化学成分，完全不含人工香精、羊毛脂、酒精、化学性防晒剂、色素等会引起过敏的成分，而对每一次添加使用的原料，皆经过实验证明，对人体不会产生过敏。

（6）无不良化学成分，使用每一项原料，皆经过安全性实验及毒性实验，绝不含汞、铅等重金属物质，或其他不良有害化学成分。

4. 蜂蜜

蜂蜜是一种营养丰富的天然滋养食品，也是最常用的滋补品之一。据分析，含有与人体血清浓度相近的多种无机盐、维生素、有机酸和有益人体健康的微量元素，以及果糖、葡萄糖、淀粉酶、氧化酶、还原酶等，具有滋养、润燥、解毒、美白养颜、润肠通便之功效。经常使用蜂蜜敷面，还能够保持皮肤的弹性，蜂蜜中加入少量柠檬汁能够起到很好的润肤作用。

用蜂蜜洗面对皮肤过敏、皮肤干燥具有防治效果，使用后皮肤无紧绷感，舒适自然，长期使用，效果尤其明显。

5. 功能性皂配方

甜杏仁舒缓皂配方示例见表 3.6。

表 3.6　甜杏仁舒缓皂配方示例

原料	椰子油	红棕榈油	碱	甜杏仁油	澳洲胡桃油	水	玫瑰精油
加入量/g	100	125	73	100	100	200	少量

甜杏仁舒缓皂适用各种肤质，可改善晒伤和干燥受损的肌肤。

思考题

橄榄油对人体健康有很多益处。如果用单一橄榄油皂化制皂，应注意哪些问题？

★任务 *3.3*　透明皂的制备

【学习目标】

（1）了解透明皂生产的配方原则。

（2）能够制备出合格的透明皂产品。

（3）能够对透明皂的一些常见现象进行解释。

【任务分析】

（1）进一步巩固皂基制备的生产过程及油脂配方制定等相关知识。能够掌握透明皂制备的基本配方和基本技术，并根据所学知识拟定一个皂类产品的配方，且能够根据拟定的配方制定出 50g 水晶皂的实施方案。

（2）自己动手制备样品。对制成的样品进行点评比较，提出改进意见，进一步掌握皂用原料的性质，样品保存好以备后续内容的教学。

例 3.2　生产 100kg 透明皂的配方见表 3.7。

表 3.7　生产 100kg 透明皂的配方

原料	硬脂酸	甘油	表面活性剂	三乙醇胺	溶剂	冰糖	香精	防腐剂	抗氧剂	水
质量/kg	30	6	15	17	22	3	1	适量	适量	余量

（3）制定透明皂生产配方及实施步骤，见表 3.8。

表 3.8　透明皂生产配方及实施步骤

产品配方质量/kg		
生产工艺流程		
实施步骤	开车前准备	
	设备开车	
	异常情况处理	

相关知识

透明皂生产已有多年历史，它是在固体状态下呈现透明的肥、香皂。其生产方法有两种，一种是通过油脂配方及生产工艺使其透明，另一种是添加有机溶剂使其透明。第一种称为研压法透明皂，又称机制透明皂；第二种称为加入物法透明皂，由于其透明度可以达到相当高的程度，除用作易耗消费品外，还可以作为工艺品给人带来美的享受，因此第二种又称为工艺水晶皂。这里介绍的是第二种。

加入物法生产的透明皂，脂肪酸含量较低，不如普通皂耐用，但因其晶莹剔透的外观和刺激性小的特点，在国内外深受爱美时尚人士的喜爱。其从油脂配方和辅料的加入以及生产工艺上都与研压法制皂有明显的区别。一般透明皂以皂粒配以硬脂酸中和适量的碱作为主体，由于原料的颜色对成品皂色泽影响较大，因此要选用纯净浅色的油脂皂化的皂粒，包括牛羊油、漂白棕榈油、椰子油、蓖麻油和松香油脂，也可以直接选用质量色泽好的进口皂粒。要注意油脂的凝固点，凝固点太高，皂体硬并且发脆，使用时手感变差；凝固点太低，天气热时，容易变软冒汗。乙醇、水、丙二醇、甘油和糖等多元醇类的加入可以增加皂体的透明度，因此往往选择这些有机溶剂作为增透剂。这些增透剂在增加皂体透明度的同时，会造成产品凝固老化时间长、皂体发软、气味差等缺点，因此在做配方时要根据具体情况合理的加入。工艺生产上研压法用固体物料加入混合，用三辊研磨和精制来实现物料的均匀混合，而加入物法是液体物料加入混合，然后浇注冷却打印。透明皂配方示例见表 3.9，工艺流程如图 3.2 所示。

表 3.9　透明皂配方示例　　　　　　　　　　单位：%（质量分数）

编号 原料	1	2	3	4	5	6	7	8
进口皂粒	20.4	35	37	38	38	39	30	30
硬脂酸	11.6	10	10	8	11	10	—	10
三乙醇胺	45	30	30	31	30	30	5	30
丙二醇	—	—	—	—	—	2	25	4
甘油	8.3	8	—	8	8	8	2	8
糖	—	—	8	—	—	—	—	—
谷氨酸钠	—	4	3	3	2	—	—	—
氧化胺	—	—	—	—	—	3	—	2
甜菜碱	—	—	—	—	—	2	2	—
AES（脂肪醇聚氧乙烯醚硫酸钠）	—	—	—	—	—	—	11	2
Na_2SiO_3	3.0	3	3	2	1	—	—	2
2，6-二叔丁基对甲基苯酚	—	—	—	—	—	0.05	0.05	0.05
水	11.7	10	10	11	10	5	2.5	12

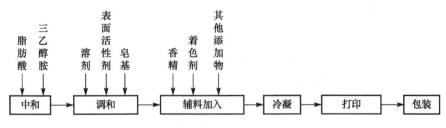

图 3.2　工艺流程举例

思考题

目前市面上有很多工艺水晶皂出售，尤其是"皂中皂"，外观新颖、漂亮，你能想办法把"小皂"放入"大皂"里面去吗？试论述。

　能力评价

专业能力评价表见表 3.10

表 3.10　专业能力评价表

任务名称	会/不会	熟练程度	个人自评	小组互评	教师评价	总评
固体酒精的原料构成						
常见固体酒精原料的特点						
固体酒精的制备原理						
正确合理使用仪器、药品，规范操作						
清洁、清扫（实验室仪器药品、实验台台面、地面、水槽）						
实验仪器、台面等整理						
用 6S 理念制定该生产的操作规范						
通过开车步骤，会对设备进行开车前的检查						
会表面活性剂 HLB 值的计算及在工艺皂配方中的合理应用						
会检查反应釜是否工作正常						
会工艺水晶皂产品的开车						
能准确进行工艺水晶皂的开车投料						
能严格按工艺条件进行过程控制						
能确定中控检验项目并能正确检验						
正确停车						
能够编制工艺皂产品操作工艺流程						

任务名称	会/不会	熟练程度	个人自评	小组互评	教师评价	总评
能够准确进行水电气异常事故处理						
能够通过原始记录的填写养成良好工作过程记录习惯						
能够用 6S 管理理念编制生产班组的管理章程						

方法、社会能力评价表，见表 3.11。

表 3.11　方法、社会能力评价表

能力项目	个人自评	小组互评	教师评价	提升情况总评
方法能力				
自学能力				
启发和倾听他人想法的能力				
口头表达能力				
书面表达能力				
团队协作精神				
6S管理能力				

项目4　助剂生产技术

 相关知识

1. 乳状液

1) 概述

乳状液在日常生活中广泛存在,牛奶就是一种常见的乳状液。乳状液是指一种液体分散在另一种与它不相混溶的液体中形成的多相分散体系。乳状液属于粗分散体系,液珠直径一般大于 $0.1\mu m$。由于体系呈现乳白色而被称为乳状液。乳状液中以液珠形式存在的相称为分散相(或称内相、不连续相)。另一相是连续的,称为分散介质(或称外相、连续相)。通常,乳状液有一相是水或水溶液,称为水相;另一相是与水不相混溶的有机相,称为油相。

乳状液分为以下几类:

(1) 水包油型,以 O/W 表示,内相为油,外相为水,如乳液等。

(2) 油包水型,以 W/O 表示,内相为水,外相为油,如冷霜等。

(3) 多重乳状液,以 W/O/W 或 O/W/O 表示。W/O/W 型是含有分散水珠的油相悬浮于水相中;O/W/O 型是含有分散油珠的水相悬浮于油相中,如图 4.1 所示。

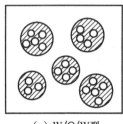

（a）W/O/W型

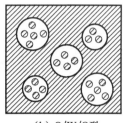

（b）O/W/O型

图4.1　多重乳状液

两种不相溶的液体无法形成乳状液。能使油水两相发生乳化，形成稳定乳状液的物质称为乳化剂。它主要是表面活性剂。

2）乳状液的物理性质

（1）液珠大小与光学性质。乳状液常为乳白色不透明液体，它的这种外观与分散相液珠大小有直接关系。

（2）乳状液的黏度。乳状液是一种流体，所以黏度（流动性质）是它的一个重要性质。当分散相浓度不大时，乳状液的黏度主要由分散介质决定，分散介质的黏度越大，乳状液的黏度越大。另外，不同的乳化剂形成的界面膜有不同的界面流动性，乳化剂对黏度也有较大影响。

（3）乳状液的电性质。乳状液的电导主要由分散介质决定。因此，O/W型乳状液的电导性好于W/O型乳状液。这一性质常被用于鉴别乳状液的类型，研究乳状液的变形过程。乳状液的另一电性质是分散相液珠的电泳，通过对液珠在电场中电泳速度的测量，可以提供与乳状液稳定性密切相关的液珠带电情况，这也是研究乳状液稳定性的一个重要方面。

3）乳状液的稳定性。

乳状液是否稳定，与液滴间的聚结密切相关，而只有界面膜破坏或破裂，液滴才能聚结。这与影响泡沫稳定的主要因素——表面膜强度非常相似。我们主要从体系的界面性质来讨论影响乳状液稳定的因素。

（1）界面张力。乳状液中，一种液体高度分散于另一种与之不相混溶的液体中，这就极大增加了体系的界面，也就是要对体系做功，增加体系的总能量。这部分能量以界面能的形式保存于体系中，这是一种非自发过程。为了降低体系的能量，液滴间有自发聚结的趋势，这样可以使体系界面积减少，这个过程是自发过程。因此，乳状液是一种热力学不稳定体系。低的油-水界面张力有助于体系的稳定，通常的办法是加入表面活性剂，以降低体系界面张力。例如，煤油与水之间的界面张力是$35\sim40$mN/m，加入适量表面活性剂后，可以降低到1mN/m，甚至10^{-3}mN/m以下。这时，油分散在水中或水分散在油中就容易得多。

（2）界面膜的性质。在油水体系加入乳化剂后，由于乳化剂的双亲分子结构，它必然要吸附在油水界面上，亲水基伸入水中，亲油基伸入油中，定向排列在油水界面上，形成界面膜。界面膜具有一定的强度，对乳状液中分散的液滴有保护作用，对乳状液的稳定性起着重要作用。当表面活性剂浓度较低时，界面膜强度较差，形成的乳状液不稳定。当表面活性剂增加到一定浓度，能够形成致密的界面膜，膜的强度增大，液珠聚结时受到的阻力增大，这时的乳状液稳定性较好。表面活性剂分子的结构对膜的致密性也有一定影响，直链型在界面上的排列较支链型紧密，形成的膜强度更大。

实验证明，单一纯净的表面活性剂形成的界面膜强度不高。加入混合表面活性剂或含有杂质的表面活性剂，界面分子吸附紧密，形成的膜强度大为提高。例如，纯净的 $C_{12}H_{25}SO_4Na$ 只能将其水溶液的表面张力降低至 38mN/m，加入少量 $C_{12}H_{25}OH$ 后，会在界面上形成混合膜，界面张力降低至 22mN/m，并且发现此混合物溶液的表面黏度增加，表明表面膜的强度增加。类似的例子还有十六烷基硫酸钠与胆甾醇、脂肪酸盐与脂肪酸、脂肪胺与季铵盐、十二烷基硫酸钠与月桂醇等组成的混合乳化剂，都可制得较稳定的乳化剂。混合乳化剂的特点是，组成中有一部分为表面活性剂（水溶性），另一部分为极性有机物（油溶性）。

（3）分散介质的黏度。乳状液分散介质的黏度越大，分散相液滴运动速度越慢，越有利于保持乳状液的稳定。因此，许多能溶于分散介质中的高分子物质常用来作为增稠剂，以提高乳状液的稳定性。同时，高分子物质（如蛋白质）还能形成较坚固的界面膜，增加乳状液的稳定性。

上面我们讨论了一些与乳状液稳定性有关的因素。乳状液是一个复杂的体系，在不同的乳状液中，各种影响因素起着不同的作用。在各种因素中，界面膜的形成与膜强度是影响乳状液稳定性的主要因素。对于表面活性剂作为乳化剂的体系，界面张力与界面膜性质有直接关系。随着界面张力降低，界面表面活性剂量增加，膜强度增加，有利于乳状液的形成和稳定。

4）乳状液的 HLB、PIT 理论及其应用

（1）乳状液的 HLB 理论。HLB 指表面活性剂分子中亲水基部分与疏水基部分的比值，也称为亲水亲油平衡值。HLB 可用于衡量乳化剂的乳化效果，是选择乳化剂的一个经验指标。

计算出表面活性剂的 HLB 后，还需要确定油水体系的最佳 HLB，这样才能选出适合给定体系的乳化剂。

（2）乳状液的 PIT 理论。PIT 指乳状液发生转相的温度，即表面活性剂的亲水亲油性质达到适当平衡的温度，称为相转变温度，简写为 PIT。PIT 理论是选择乳状液所用乳化剂的又一种方法。HLB 方法没有考虑到因温度变化而导致 HLB 的改变，而温度对非离子型表面活性剂亲水亲油性的影响是很重要的。以聚氧乙烯醚和羟基作为亲水基的表面活性剂，在低温时，由于醚键与水形成氢键而具有亲水性，可形成 O/W 型乳状液。当温度升高时，氢键逐渐被破坏，亲水性下降，特别是在其"浊点"附近，非离子表面活性剂就由亲水变为亲油了，HLB 降低，形成 W/O 型乳状液。应用 PIT 法可将温度影响考虑在内。

PIT 的确定方法如下：将等量的油、水和 3%～5% 的表面活性剂制成 O/W 型乳状液，加热、搅拌，在此期间可采用稀释法、染色法或电导法来检查乳状液是否转相。当乳状液由 O/W 型变为 W/O 型时，对应的温度就是此体系的相转变温度。

实验中发现，在 PIT 附近制备的乳状液有很小的颗粒，这些颗粒不稳定、易聚结。

要得到分散度高而且稳定性好的乳状液，对于 O/W 型乳状液，要在低于 PIT 2～4℃ 的温度下配制，然后冷却至保存温度，这样才能得到稳定的乳状液。对于 W/O 型乳状液，配制温度应高于 PIT 2～4℃，然后再升温至保存温度。

PIT 与 HLB 有近似直线的关系，HLB 值越大，则亲水性越强，即转变为亲油性表面活性剂的温度越高，PIT 越高，配制的 O/W 型乳状液稳定性也越高。

5）乳状液的制备

乳状液的制备是将一种液体以液珠形式分散到另一种与之不相溶的液体中。因此在制备过程中会产生巨大的相界面，体系界面能大大增加，而这些能量需要外界提供。为了制备稳定性好的乳状液，需要采取适当的乳化方法和乳化设备。

按照不同的加料方式，常用的乳化方法有以下几种：

（1）内相加入外相乳化法。本法是将内相在剧烈搅拌下加入外相。此法是最常用的工业生产乳化方法。

（2）转相乳化法。在剧烈搅拌下将水加入到油相，水以细小的水珠分散在油中，形成 W/O 型乳状液。继续加水至体系发生变型，油由外相转至内相，得到 O/W 型乳状液。此法得到的乳状液颗粒均匀，稳定性好。但这种方法适用于油相比例较小的情况下，在大量生产中现在较少使用。

（3）瞬间成皂法。用皂作乳化剂的乳状液可用此法制备。将脂肪酸溶于油中，碱溶于水中，然后在剧烈搅拌下将两相混合，界面上瞬间生成了脂肪酸盐，得到乳状液。此法较简单，乳状液稳定性也很好。

（4）轮流加液法。将水和油轮流加入乳化剂，每次只加少量。对于制备食品乳状液如蛋黄酱或其他含菜油的乳状液，此法特别适合。

在制备乳状液时，需要一定的乳化设备，以便对被乳化的体系施以机械力，使其中的一种液体被分散在另一种液体中。常用的乳化设备有搅拌器、胶体磨、均化器和超声波乳化器。其中，搅拌器设备简单，操作方便，适用于多种体系，但只能生产较粗的乳状液。胶体磨和均化器制备的乳状液液珠细小，分散度高，乳状液的稳定性好。超声波乳化器一般在实验室中使用，在工业上使用成本太高。

2. 石蜡

石蜡是很多行业都需要的重要原料，在轻工、化工、造纸、建筑等行业具有广泛的应用。在使用中，石蜡的最好形式是乳化蜡，如在涂饰剂中影响手感效果的助剂——手感剂，其主要成分是乳化蜡。乳化蜡是一种含水、含蜡的均匀流体。

乳化蜡可以应用在很多领域，在皮革工业中，乳化蜡用作皮革涂饰剂，可使成品皮革外表美观、手感丰满柔软、光泽自然柔和，并提高耐磨性、耐水性和耐曲挠性，经涂饰后，可以遮盖皮革的伤残。

乳化蜡发展至今已有一百多个品种。在国外，乳化蜡的生产工艺已经相当成熟。国外的一些知名企业，如德国 BASF 和 Bayer、日本三洋和三井化学工业公司、美国 Mobil 和 AlliedSignal 等都开发了一系列的产品。随着各行业对乳化蜡需求量的日益增长，到 2015 年，我国乳化蜡总需求量将达到 50 万 t。

3. 手感剂

1）配方

计划产量为 111g，10％左右含固量，具体配方含量如下：

（1）蜡：4.48g。

（2）乳化剂 T-8：4.8g。

（3）乳化剂 S：1.81g。

（4）水：100g。

2）工艺

在 250mL 四颈烧瓶中称取蜡 4.48g、乳化剂 T-8 4.8g、乳化剂 S 1.81g，在水浴条件下搭好装置，水温保持在 80℃左右，待原料熔融后开动搅拌器，搅拌速度 100r/min 左右，待四颈烧瓶内原料温度达 80～85℃后，用胶头滴管滴加 80～85℃去离子水 100g。当热去离子水加到 50％后再将搅拌速度升高至 300r/min 左右。热去离子水滴加时间分 40min、1.5h、2.5h（因素 1）三种。

滴加方法 1（因素 2）：滴加分为三个阶段，第一个 1/3 时间滴加 20g 热去离子水，第二个 1/3 时间滴加 30g 热去离子水，第三个 1/3 时间滴加 50g 热去离子水，共 40min、1.5h、2.5h 滴加完毕，各阶段保证匀速滴加。

滴加方法 2（因素 2）：滴加分为三个阶段，第一个 1/3 时间滴加 20g 热去离子水，中间 1/3 时间不滴加去离子水，最后 1/3 时间滴加 80g 热去离子水，共 40min、1.5h、2.5h 滴加完毕，各阶段保证匀速滴加。

滴加方法 3（因素 2）：整个过程保持匀速滴加 100g 热去离子水，共 40min、1.5h、2.5h 滴加完毕。

滴加完后，于 80～85℃保温 1h。然后停止加热，换冷水将水浴温度降至 50℃左右再搅拌 30min。再换冷水浴降至常温后过滤出料，过滤用布氏漏斗及抽滤瓶。

3）测试指标

（1）含固量 9.0％～11.0％，称取样品于培养皿，放于烘箱在 105℃烘 3h。

（2）离心稳定性：3000r/min 搅拌 15min，30min 分别观察其稳定性，是否分层。

（3）热稳定性：取约 15mL 样品煮沸 15min，观察样品稳定性。

（4）置于 5℃冰箱中 12h 以上，观察样品稳定性。

4）分散性测定方法

分散性测定方法参照农乳的 5 个等级，一级最好，五级最差。

一级：将乳化蜡滴入水中，能迅速地分散成带蓝色荧光的云雾状分散液，稍加搅动后成蓝色或苍白色透明溶液。

二级：将乳化蜡滴入水中，能迅速自动分散成蓝白色云雾状带荧光的分散液，稍加搅动形成蓝色半透明溶液。

三级：将乳化蜡滴入水中，呈白色云雾状或条状分散液，搅动后得乳白色稍带荧光的不透明乳液。

四级：将乳化蜡滴入水中，呈白色微粒浮在水面，搅动后仍能成为乳白色不透明的乳液。

五级：将乳化蜡滴入水中，呈大颗粒浮在水面，搅动后虽能乳化，但立即发生分层，蜡上浮。

 思考题

（1）传化手感剂原料有哪些？

（2）手感剂配方中的原料组成及各种原料都有那些作用，如何制备？

（3）根据所学知识拟定一个手感剂的配方和制备工艺。

任务 4.2　助剂生产设备操作流程及管理

【学习目标】

（1）掌握助剂设备的结构。

（2）了解纺织助剂的生产流程。

【任务分析】

　　本助剂生产设备是助剂乳化设备机组，本机组由反应釜、高位滴加槽、连接管路、搅拌机组组成。需了解生产设备的结构及用途等。

　　每组同学制定操作规程和考核指标，通过了解生产岗位安全操作方法，对手感剂的配方和生产有进一步的认识。通过本次任务提高学生对手感剂车间的操作管理能力。

 相关知识

1. 生产设备说明

反应釜和反应釜组如图 4.2 和图 4.3 所示。

图 4.2　反应釜

图 4.3　反应釜组

2. 安全操作规程

1）生产车间安全操作规程

（1）开机前工作。

① 按规定穿戴好劳动保护用品。

② 检查电气控制箱、供电电压、急停开关是否正常可靠。

③ 检查釜内、搅拌器、转动部分、附属设备、指示仪表、安全阀、管路及阀门是否符合安全要求。

④ 检查水、电、气是否符合安全要求。

⑤ 根据生产工艺要求，检查备料是否齐备，见表 4.1。

⑥ 根据生产工艺要求，安装管道，连接相关生产设备。

⑦ 清洗钛环氧（搪瓷）设备时，不准用碱水刷釜，注意不要损坏搪瓷。

表 4.1　生产产品（半成品）配方单

产品名称	蜡乳液手感剂		
生效日期		编号	
编制人		审核（1）	
审核（2）		批准	
车间		阅读人	

一、物料配比（按生产1600kg计算）

1. 半精炼石蜡58#：　　　　60kg

2. 有机酸：　　　　22kg

3. 1020：　　　　43kg

4. S80：　　　　25kg

5. 去离子水：　　　　1350.1kg

6. 防霉剂：　　　　3.9kg

7. 去离子水：　　　　96kg

二、注意事项

严格按操作方法执行

（2）开机运行。按试生产岗位安全操作法进行生产，见表 4.2。

表 4.2　试生产岗位安全操作法

编制			编号	
审核（1）		蜡乳液手感剂	编制部门	
审核（2）			执行日期	
批准			签收	

操作阶段	操作内容	注意事项
1. 开车前检查内容	1.1 检查反应釜、高位槽、搅拌器、阀门、管道、仪表等是否正常	
	1.2 检查水、电、蒸汽及规定的原料供应是否正常	
	1.3 检查各釜底阀是否关闭	
	1.4 检查劳保用品穿戴是否整齐	
	1.5 上述各项准备工作检查合格后方准开车	
2. 原料准备	半精炼石蜡 58♯、有机酸、1020、S80、硼酸、防霉剂 WL-20、氨水（20.0%）、去离子水	
3. 开车	3.1 将半精炼石蜡 58♯、有机酸、1020、S80 四种物料按配方量投入反应釜内，加热至 80～85℃，30Hz 搅拌 30min	
	3.2 将组分 5 的去离子水加入高位滴加槽，加热至 80～85℃	
4. 过程控制	4.1 将上述去离子水缓慢滴加入反应釜，滴加时间 2～2.5h 并将电动机频率调至 50Hz	保温结束后，物料用小冰水全速降温
	4.2 滴加结束后，保温 1h	
	4.3 保温结束后，夹套注入小冰水，物料冷却至 30～40℃	
	4.4 调整反应釜搅拌频率至 30Hz	
	4.5 将硼酸、防霉剂、氨水溶解于室温的组分 7 的去离子水中	
	4.6 将上述混合液加入反应釜中，继续降温	
	4.7 停止搅拌，继续降温至 5～15℃	
	4.8 准备出料	
5. 关机	关闭小冰水	
6. 出料包装	准备 120kg 包装桶，用 400 目滤布过滤包装，内衬一层塑料袋	

操作注意事项：

① 加料数量不得超过工艺要求。

② 打开蒸汽阀前，先开回气阀，后开进气阀。打开蒸汽阀应缓慢，使之对夹套预热，逐步升压，夹套内压力不准超过规定值。

③ 蒸汽阀门和冷却阀门不能同时启动，蒸汽管路过气时不准锤击和碰撞。

④ 开冷却水阀门时，先开回水阀，后开进水阀。冷却水压力不得低于 0.1MPa，也不准高于 0.2MPa。

⑤ 水环式真空泵，要先开泵后给水，停泵时，先停泵后停水，并应排除泵内积水。

⑥ 随时检查设备运转情况，发现异常应停车检修。

⑦ 停机时注意停机的操作顺序。

⑧ 实训结束后，要断开电源，清洗设备，清扫现场，清点器材并归还原处，若有丢失或损坏应及时汇报说明，经允许后方可离开。

2）灌装和包装车间实训操作规程

按规定穿戴好劳动保护用品。

（1）灌装和包装开机前工作。

① 检查电气控制箱、供电电压、急停开关是否正常可靠。

② 检查电路连接是否可靠，灌装设备、输送设备、打标设备等表面是否清洁，空

气压缩机是否正常。

　　③ 按照生产工艺要求清洗相关设备。

　　④ 根据生产工艺要求，检查包材是否齐备。

　　⑤ 根据实际需要，向灌装设备注入一定量的物料。

　　(2) 灌装和包装开机运行。

　　① 开启总电源，安装调试喷码机。

　　② 开启输送机电源按钮。

　　③ 启动空气压缩机。

　　④ 启动灌装机，检查气源是否充足。

　　⑤ 根据生产要求，进行灌装及喷码操作。

　　(3) 停机时注意停机的操作顺序。

　　(4) 实训结束后，要断开电源，清洗设备，清扫现场，清点器材并归还原处，若有丢失或损坏应及时向教师说明，经教师允许后方可离开。

 思考题

　　(1) 设备操作时需要注意哪些问题？

　　(2) 班组制度管理应该如何实现？

 能力评价

专业能力评价表见表 4.3。

表 4.3　专业能力评价表

任务名称	会/不会	熟练程度	个人自评	小组互评	教师评价	总评
会复配原理及原料在手感剂配方中的合理应用						
通过开车步骤，会对设备进行开车前的检查						
会检查反应釜是否工作正常						
能准确的进行开车投料						
能严格按工艺条件进行过程控制						
能确定中控检测项目并能正确检测						
准确停车						
能够编制手感剂产品操作工艺流程						

续表

任务名称	会/不会	熟练程度	个人自评	小组互评	教师评价	总评
能够准确进行水电气异常事故处理						
能够通过原始记录的填写养成良好工作过程记录习惯						
能够用6S管理理念编制生产班组的管理章程						

方法、社会能力评价表，见表4.4。

表4.4　方法、社会能力评价表

能力项目	个人自评	小组互评	教师评价	提升情况总评
方法能力				
自学能力				
启发和倾听他人想法的能力				
口头表达能力				
书面表达能力				
团队协作精神				
6S管理能力				

项目5　乳胶漆生产技术

　相关知识

1. 涂料及其功能

涂料，我国传统称为油漆，是一种涂覆于物体表面，形成附着牢固、具有一定强度的连续固态薄膜。涂料的作用可以概括为以下几个方面。

1) 保护作用

物体暴露于空气中，会受到氧气、水、光、其他气体及酸、碱、盐和有机溶剂的腐蚀，造成金属生锈腐蚀、木材腐烂、水泥风化等破坏作用。在物体表面涂覆涂料后，可形成保护层，从而延长物体的寿命，如图 5.1 所示。

2) 装饰作用

物体表面涂上涂料后，形成不同颜色、不同光泽和不同质感的涂膜，得到五光十色、绚丽多彩的外观，起到美化环境的作用，如高光泽汽车漆、室内用亚光漆、珠光涂料、锤纹效果涂料、裂纹效果涂料等，如图 5.2 所示。

图 5.1　外墙涂料

3）特殊功能作用

随着经济的发展和人民生活水平地不断提高，需要越来越多的涂料品种能够为被涂对象提供一些特定的功能，如图5.3～图5.5所示，这些功能概括为以下几个方面：

图5.2　室内装修涂料

图5.3　汽车高光涂料

图5.4　金属防火涂料

图5.5　船舶防腐蚀涂料

（1）力学功能，如耐磨涂料、润滑涂料等。

（2）热功能，如示温涂料、防火涂料、阻燃涂料、耐高温涂料等。

（3）电磁学涂料，如导电涂料、防静电涂料等。

（4）光学功能，如发光涂料等。

（5）生物功能，如防污、防霉涂料等。

（6）化学功能，如耐酸碱涂料等。

2. 涂料的基本组成和各组分的作用

涂料由成膜物质、颜料、溶剂和助剂4部分组成。无颜料的涂料称为清漆或光油，有颜料的涂料称为色漆。

1）成膜物质

成膜物质又称树脂，它是组成涂料的基础，对涂料和涂膜的性质起决定性作用。成膜物质分为两类，即非转化型（热塑型）成膜物质和转化型（热固型）成膜物质。

（1）非转化型成膜物质。非转化型成膜物质成膜过程中仅仅是溶剂挥发，未发生任何化学反应，成膜物质是热塑性聚合物。属于此类成膜物的品种有以下几种：

① 天然树脂，如松香、虫胶和天然沥青等。

② 天然高聚物的加工产品，如硝基纤维素、氯化橡胶等。

③ 合成高聚物，如过氯乙烯树脂、苯丙乳液、热塑性丙烯酸树脂等。

（2）转化型成膜物质。此类成膜物质在成膜过程中伴有化学反应，一般形成网状交联结构。属于此类成膜物质的有以下几种：

① 干性油或半干性油，如桐油、亚麻仁油等。

② 天然漆和漆酚，分子含反应性基团。

③ 低分子化合物的加成物或反应物，如多异氰酸酯的化合物。

④ 合成聚合物，如酚醛树脂、环氧树脂、热固性丙烯酸树脂、聚氨酯等。

2）颜料

在涂料中，颜料主要起着色和遮盖的作用，颜料还能增强涂膜的力学性能和耐久性性能等，有些颜料赋予涂膜特定功能，如防腐、阻燃、导电等。常见的颜料有无机颜料，如钛白、炭黑、铁红、铁黄、铬黄、镉红等；有机颜料，如肽菁蓝、肽菁氯、大红粉、联苯胺黄、偶氮黄等；金属颜料，如铝粉、铜粉等；防锈颜料，如磷酸锌、红丹、锌粉等；体质颜料，如硫酸钡、滑石粉、碳酸钙、高岭土、云母、白炭黑等；功能颜料，如荧光颜料、夜光颜料、示温颜料等。

3）分散介质

分散介质包括有机溶剂和水。分散介质的作用是将成膜物质溶解或分散成液态，以方便施工和易于成膜。当施工完成后，溶剂挥发到大气中，从而使薄膜形成固态的涂膜。除水外，有机溶剂的种类很多，如甲苯、二甲苯、溶剂汽油等烃类溶剂；乙醇、正丁醇、异丁醇、丙醇等醇类溶剂；丙酮、甲乙酮、环己酮等酮类溶剂；醋酸乙酯、醋酸丁酯等酯类溶剂；醋酸溶纤剂、丁基溶纤剂等醇醚类溶剂。选用溶剂时，除考虑对成膜物质的溶解性或分散性外，还需注意其挥发性、毒性、闪点及价格等。一个涂料品种既可以使用单一溶剂，又可以使用混合溶剂，其中使用混合溶剂居多。

4）助剂

助剂是涂料的辅助成分，本身不能成膜，但可以改善涂料某一方面的性能，如消泡、流平、改进颜料分散性、防沉等。助剂在涂料中用量很少，但能起到显著的作用，助剂的应用已成为现代涂料生产技术的重要内容之一。根据助剂对涂料和漆膜所起的作用，可以分为以下 4 类：

（1）对涂料生产过程发生作用的助剂，如消泡剂、润湿分散剂、乳化剂等。

（2）对涂料储存过程发生作用的助剂，如防沉剂、防结皮剂等。

（3）对涂料施工成膜过程发生作用的助剂，如固化剂、催干剂、流平剂、防流挂剂等。

（4）对涂膜性能发生作用的助剂，如增塑剂、消光剂、紫外线吸收剂、阻燃剂等。

　思考题

（1）给定乳胶漆配方（表 5.1），了解乳胶漆的基本构成，指出配方中各组分的作用。

（2）常见的涂料种类有哪些，分别适用于什么场合？

表 5.1　乳胶漆配方

序号	原料	用量/g
1	水	270
2	NXZ	1
3	PE100	1
4	HBR250	4
5	钛白粉	50
6	滑石粉	40
7	重质碳酸钙	175
8	轻质碳酸钙	155
9	醇酯 12	7
10	乙二醇	11
11	NXZ	1
12	ASE60	2
13	TT935	4
14	苯丙乳液	120

★任务 5.2　乳胶漆小样制备

【学习目标】

（1）掌握乳胶漆小样制备设备。

（2）了解乳胶漆小样制备流程。

（3）完成乳胶漆的小样制备。

【任务分析】

根据配方制备乳胶漆小样是进行配方优化的基本技能。在本任务中，在了解小样制备设备的基础上，根据配方进行小样制备，并对产品性能进行检测。

 相关知识

1. 高速分散机

高速分散机由机体、搅拌轴、分散盘或分散浆、分散缸、传动系统等组成。机体通

图 5.6　典型的分散盘

常是固定的，分散搅拌轴有固定的和可升降的，还有单轴和双轴之分。小型高速分散搅拌机一般采用单轴，也有采用双轴的，中型和大型高速分散搅拌机往往采用双轴。典型的分散盘如图 5.6 所示。在国内，分散盘大都是钢质的，但在国外，以工程塑料制作的盘正在逐渐应用开来。

分散缸是由不锈钢制成的圆筒形容器,底部应为碟形或圆弧形,以防形成死角。分散缸分固定式和移动式两种。移动式用于小型高速分散搅拌机,也称为拉缸。固定式用于中型和大型高速分散搅拌机,其容积有 10m³ 或更大。传动系统分单速、双速和无级变速。单速只能作高速分散或搅拌单一用途,双速既可以作高速分散又可以作搅拌用。无级变速就更为灵活,既可以作高速分散又可以作搅拌用,而且可应对各种情况。

2. 小样制备流程

小样制备流程见表 5.2。

表 5.2 小样制备流程

投料序号	原料名称	投料数量/g	备注
1	水	270	
开动搅拌机,将转速增至 500r/min,然后逐步和缓慢地加入下列原料			
2	PE-100	1	
3	5040	5	
4	NXZ	1.5	
5	HBR 250	2	
搅拌 3min,在搅拌状态下慢慢地加入下列原料,搅拌转速 1000r/min			
6	钛白粉	25	
7	滑石粉	47	
8	轻钙	165	
9	重钙	155	
10	高岭土	95	
投入完毕后,转速调至 2000～2500r/min,搅拌 30min。细度合格后,停止搅拌。在搅拌状态下加入下列物质,搅拌速度 1000r/min			
11	醇酯 12	6.5	
12	乙二醇	10.5	
13	氨水	1	
14	水	86.2	
15	苯丙乳液	105	
16	NXZ	1	
17	RM2020	1.5	
18	增稠剂		
19	水	12	
20	TT935	4	
搅拌 20min,搅拌均匀,检验合格后包装			
合计		1000	

作业者:

细度	小于 50μm	黏度	85KU

1) 浆料的制备

浆料制备时将部分水、分散剂、消泡剂、防腐剂、防霉剂、少量增稠剂投入分散缸中，搅拌均匀，然后在搅拌状态下加入颜料和填料，快速分散 30～60min，如有必要也可以用砂磨机代替快速分散，效率更高。细度合格后进行第二步，此阶段一般不加入乳液，以免机械剪切后乳液性能破坏。

2）调漆

调漆是在浆料中边搅拌边加入乳液、增稠剂、消泡剂、成膜助剂、防冻剂、pH 调节剂，搅拌 20～30min 至完全均匀，即可进行产品质量控制的检测，若品控指标结果显示哪项不合格，再针对该项目加入相应原料做细微调整，使各品质控制指标合格。

3）过滤及包装

在乳胶漆的生产过程中，由于原料繁多，会存在一些不易被分散的杂质，对施工效果有不良影响，因此，需经过滤后才能得到更完美的产品。可根据产品要求的不同，选择不同规格的滤袋或筛网进行过滤。

3. 检测指标

1）细度检测

（1）定义与内容。

涂料的细度是表示涂料中所含颜料在漆中分散的均匀程度，以 μm 表示。涂料细度的优劣直接影响漆膜的光泽、透水性及储存稳定性。细度小，能使涂层平整均匀，对外观和涂饰性均能起到美化作用。由于品种不同，底漆和面漆所要求的细度不同，面漆细度一般要求 20～40μm，汽车类、电器类、装饰性面漆细度要求 10～20μm，底漆或防锈漆的细度可粗一些，一般在 40～80μm，某些高档汽车和电器甚至要求细度≤10μm。

（2）测定方法。

细度的测定按国家标准《涂料细度测定法》（GB 1724—1979）进行，采用刮板细度计。刮板细度计的构造为一磨光的平板，由工具合金钢制成；板上有一沟槽，在槽边有刻度线，分为 0～50μm、0～100μm、0～150μm 等几种规格；另配有一刮刀，双刃均磨光。

采用此法的技巧如下：

① 根据不同涂料类型选用不同量程的细度计，可先进行范围较大的粗测。

② 在测板上端滴入涂料样品 1～2g，不要过多或过少。

③ 双手握住刮刀，使刮刀与磨光平板表面垂直接触，以适宜的速度由沟槽的深部向浅部拉过（一般用时 3s 左右），使试样充满沟槽且平板上不留余漆。

④ 在光下迅速读数（不应超过 5s），使视线与沟槽表面成 15～30°角，以出现 3 个以上颗粒均匀显露处读数为准。

⑤ 细度计使用后必须用细软揩布蘸溶剂仔细擦洗、擦干。

测定细度的经验方法是目测少量涂料中含有的颗粒是否均匀。细度不合格的产品，很多是由颜料研磨不细、外界杂质进入及颜料返粗等情况所造成的，可返厂经过滤、研磨或降级使用。

2）黏度检测

（1）定义与内容。

涂料的黏度又称为涂料的稠度，是指流体本身存在的黏着力而产生流体内部阻碍其相对流动的一种特性。这项指标主要控制涂料的稠度，其直接影响施工性能及漆膜的流平性、流挂性。通过测定黏度，可以观察涂料储存一段时间后的聚合度，按照不同施工要求，用适合的稀释剂调整黏度，以达到刷涂、有气喷涂、无气喷涂所需的不同黏度指标。

（2）测定工具。

QNZ 型斯托默黏度计是根据《色漆和清漆 用旋转黏度计测定黏度 第 1 部分：以高剪切速率操作的锥板黏度计》（GB 9751.1—2008）有关规定设计研制的，主要适用于建筑涂料、水溶性涂料等涂料黏度的测定。

该仪器是利用砝码的重量产生一定的旋转力，经一传动系统带动桨叶型转子转动，调整砝码的重量，使桨叶克服被测涂料的阻力，使其转速达到 200r/min，从频闪计时器上能够观察出一个基本稳定的图像，此时砝码的重量就可以转换为被测涂料的黏度值（KU 值）。KU 单位是产生 200r/min 转速所需负荷值的一种对数函数，一般用来表示建筑涂料和水溶性涂料的黏度。

（3）测定方法。

《涂料黏度的测定 斯托默黏度计法》（GB/T 9269—2009）规定了建筑涂料或厚浆型涂料黏度的测定方法——斯托默黏度计法，其原理同旋转黏度计，将桨叶浸入被测样品中，测定使转速达到 200r/min 时所需要的质量，从测定仪器附录所带的数据表（该表为 20r/min 时所需砝码质量对应的 KU）中查得相应的黏度值，单位为 KU。

 思考题

（1）此配方中各组分的作用是什么？
（2）如何判断制备过程中分散程度是否达到要求？
（3）黏度对产品性能有何影响？
（4）根据前面给出的配方制备乳胶漆，并对产品的细度和黏度进行测定。

★任务 5.3　乳胶漆车间生产

【学习目标】

（1）掌握乳胶漆的车间生产设备。
（2）了解乳胶漆的车间生产流程。
（3）完成乳胶漆的车间生产。

【任务分析】

根据配方进行乳胶漆的车间生产是乳胶漆生产的基本技能。在本任务中，在了解车间生产设备的基础上，根据配方进行乳胶漆的车间生产，并对产品性能进行检测。

相关知识

生产乳胶漆最重要的工序是颜料和填料的分散，所使用的是研磨分散设备。不同设备间的主要区别是施加于颜料聚集体上的应力水平不同。其中，最常用的是高速分散搅拌机。也有厂家使用砂磨机，将粗颜料和填料研磨至合格细度。这表面上看起来节省了一些原料成本，其实是既耗能又费工的不合理方法。因为钛白粉不需研磨，研磨会将其包膜破坏，反而影响其分散性、稳定性和耐久性等，且砂磨机效率低，耗能费工，且可能影响配方的准确性。

1. 生产设备

1）高速分散搅拌机

单轴和双轴高速分散搅拌机如图 5.7 和图 5.8 所示。

图 5.7　单轴高速分散搅拌机

图 5.8　双轴高速分散机

高速分散搅拌机具有如下一些优点。

（1）投资省，结构简单，操作方便，维护容易。

（2）双速和无级变速高速分散搅拌机将分散、调和、混合等过程在一机中进行，简化了工艺流程。

（3）效率高，分散和搅拌一般仅各需 10～20min 就能完成，操作成本低。

（4）由于结构简单，所以清洗方便。

其缺点是剪切应力较低，研磨能力较弱，因此只适用于较易分散的颜料和填料。

在乳胶漆生产企业中，高速分散搅拌机属于关键设备。它的能力大小决定了企业的规模，决定了其他设备的选型。因此，高速分散搅拌机选型的依据就是工厂的规模，兼顾其他，如配色、批量的大小、资金、安全系数等。在乳胶漆的生产中，高速分散搅拌机一般同时用于混合、分散和调漆作业。在实际操作中，因为实际装入物料多少变化等原因，分散盘也需上下升降。

2）砂磨机

砂磨机由电动机、传动装置、主轴、研磨筒体、分散装置、分离装置、机架和研磨分散介质等组成。研磨分散介质有石英砂、玻璃珠、刚玉瓷珠、氧化锆珠等，国内目前普遍使用的是玻璃珠。砂磨机一般分为立式和卧式两种，如图 5.9 和图 5.10 所示。

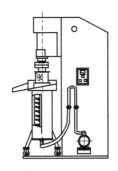

图 5.9　立式砂磨机

图 5.10　卧式砂磨机

立式砂磨机的主轴上装有多个分散盘，内有研磨分散介质。电动机带动主轴以 1000～1500r/min 转速运转，从而使研磨分散介质随之高速抛出，碰到研磨筒体后又弹回。研磨料从底部送进砂磨机，受到研磨分散介质的剪切和冲击作用而得到分散。经多级分散后，研磨料到达顶部，细度达到要求的通过顶筛排出。

立式砂磨机的一大缺点是研磨分散介质会沉底，从而给停车后重新起动带来困难，因此在 20 世纪 70 年代开发了卧式砂磨机。它的筒体和分散轴水平安装，研磨分散介质在轴向分布是比较均匀的，这样就避免了此问题。

砂磨机虽然具有一系列的优点，但换色清洗困难，只适用于分散低黏度、较易分散的颜料和填料。

3）过滤设备

过滤是乳胶漆生产中的重要工序。因为在生产过程中，一是不可避免地会带入一些杂质，如拆袋时的编织物屑、颜料和填料中带入的研磨介质屑、袋子黏附的泥沙等；二是在生产、输送和储存中，由于密封性不好，乳胶漆接触空气而生成的结皮；三是没有研磨分散好的粗粒子。这些杂质、结皮和粗粒子如果不被过滤掉，必将严重影响涂膜的外观，甚至招致用户投诉。乳胶漆的过滤设备有过滤笊、振动筛、袋式过滤机和旋转过滤机等。

（1）过滤笊。过滤笊是最原始、结构最简单的过滤设备。将规定网眼的铜丝网或尼龙丝网绷在笊圈上，放置于不锈钢漏斗中，就成为过滤笊。在过滤时，可维持一定液位，以加快过滤速度。过滤笊也可通过加压来提高过滤速度。

（2）振动筛。振动筛主要由筛网机构、振动机构和机座等组成。由于有振动，使过滤得以较顺利进行。振动筛具有如下一些优点：结构简单紧凑；一般没有基础，可以来回移动使用；换色清洗方便。其缺点是筛孔较小，当乳胶漆黏度较高时，会影响过滤速度；因为大多是敞开式过滤，乳胶漆接触空气容易生成结皮。

（3）袋式过滤机。袋式过滤机由筒体、金属网袋和滤袋组成。由于是密闭加压操作，所以使用范围广，黏度较高的乳胶漆也能过滤，过滤速度较快，如图 5.11 所示。

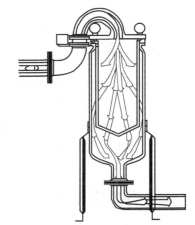

图 5.11　袋式过滤器流体流向示意图

4）灌装设备

乳胶漆在送达用户之前需灌装。国内绝大多数厂家采用手工灌装。手工灌装效率低，精度也很难达到要求。自动灌装机按灌装嘴分，可分为单嘴自动灌装机和多嘴自动灌装机两种，国内常见的是单嘴自动灌装机，国外有些厂家采用多嘴自动灌装机。若按计量方式分，则可分为质量式自动灌装机和容积式自动灌装机。自动灌装机一般由机架、灌装装置、压盖装置、送桶装置和自动控制系统等组成。

2. 车间生产流程

车间生产流程图如图 5.12 所示。

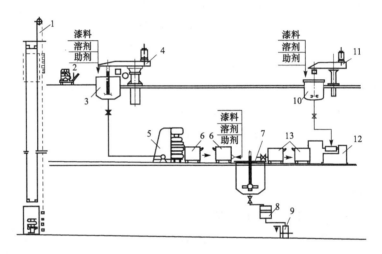

图 5.12　车间生产流程图

1. 载货电梯；2. 手动升降式叉车；3. 配料预混合罐（A）；4. 高速分散搅拌机（A）；5. 砂磨机；

6. 移动式漆浆盒（A）；7. 调漆罐；8. 振动筛；9. 磅秤；10. 配料预混合罐（B）；

11. 高速分散搅拌机（B）；12. 卧式砂磨机；13. 移动式漆浆盒（B）

　思考题

（1）制备乳胶漆小样和车间生产有何区别？

（2）研磨设备的作用是什么？

（3）卧式砂磨机和立式砂磨机有何优缺点？

（4）根据前面给出的配方车间生产乳胶漆，并对产品的细度和黏度进行测定。

　能力评价

专业能力评价表见表 5.3。

表 5.3 专业能力评价表

任务名称	会/不会	熟练程度	个人自评	小组互评	教师评价	总评
通过开车步骤，会对设备进行开车前的检查						
会复配原理及原料在涂料配方中的合理应用						
会检查高速分散机是否工作正常						
会涂料生产设备的开车						
能准确地进行开车投料						
能严格按工艺条件进行过程控制						
能确定中控检测项目并能正确检测						
准确停车						
能够编制涂料产品操作工艺流程						
能够准确进行水电气异常事故处理						
能够通过原始记录的填写养成良好工作过程记录习惯						
能够用 6S 管理理念编制生产班组的管理章程						

方法、社会能力评价表，见表 5.4

表 5.4 方法、社会能力评价表

能力项目	个人自评	小组互评	教师评价	提升情况总评
方法能力				
自学能力				
启发和倾听他人想法的能力				
口头表达能力				
书面表达能力				
团队协作精神				
6S 管理能力				

主要参考文献

仓理. 2009. 涂料工艺 [M]. 2版. 北京：化学工业出版社.

达泰纳. 1988. 表面活性剂在纺织染加工中的应用 [M]. 施矛长，等译. 北京：纺织工业出版社.

肥皂生产工艺编写组. 1986. 肥皂工艺学 [M]. 北京：轻工业出版社.

耿耀宗，赵风清. 2006. 现代涂料生产工艺 [M]. 北京：化学工业出版社.

林宣益. 2009. 乳胶漆 [M]. 北京：化学工业出版社.

陆大年. 2009. 表面活性剂化学及纺织助剂 [M]. 北京：中国纺织工业出版社.

陆荣，黎东东，赵中. 2004. 乳胶漆实用技术问答 [M]. 北京：化学工业出版社.

马占玲. 2011. 精细化学品及其检验 [M]. 北京：化学工业出版社.

潘祖仁. 2002. 高分子化学 [M]. 北京：化学工业出版社.

宋文强. 2010. 图解6S管理实务（中国实战版）[M]. 北京：化学工业出版社.

王培义，徐宝财，王军. 2012. 表面活性剂：合成性能应用 [M]. 2版. 北京：化学工业出版社.

肖智军. 2005. 6S管理实战 [M]. 北京：北京大学音像出版社.

辛堃铭. 2010. 星火机床公司6S管理方法体系的实施 [J]. 中国集体经济，(13).

徐宝财. 2007. 表面活性剂原料手册 [M]. 北京：化学工业出版社.

杨晓东，李平辉. 2008. 日用化学品生产技术 [M]. 北京：化学工业出版社.

周波. 2012. 表面活性剂 [M]. 北京：化学工业出版社.